程控自动化工程师精英课堂

三菱 FX3U/5U PLC
从入门到精通

上海程控教育科技有限公司　组编

李林涛　编著

U0180334

机械工业出版社

本书以解决读者的实际需求为目标,从工程师学习、工作的视角对三菱 FX3U 和 FX5U PLC 进行了全面系统的讲述。具体内容包括 PLC 概述、三菱 FX3U 和 FX5U PLC 的硬件介绍及接线、编程软件的安装与使用、基本指令和功能指令、运动控制、模拟量和 PID、变频器在调速系统中的应用、FX3U 和 FX5U PLC 的通信等。

本书既适合新手快速入门,也可供有一定经验的工程师借鉴和参考,还可用作大专院校相关专业师生的教材。

图书在版编目(CIP)数据

三菱 FX3U/5U PLC 从入门到精通/李林涛编著. —北京:机械工业出版社,2022.2(2025.1重印)

程控自动化工程师精英课堂

ISBN 978-7-111-70053-1

Ⅰ.①三… Ⅱ.①李… Ⅲ.①PLC 技术-程序设计 Ⅳ.①TM571.61

中国版本图书馆 CIP 数据核字(2022)第 013318 号

机械工业出版社(北京市百万庄大街22号 邮政编码100037)

策划编辑:任 鑫　　　　　责任编辑:任 鑫 朱 林
责任校对:樊钟英 王明欣　封面设计:马精明
责任印制:邓 博
北京盛通数码印刷有限公司印刷
2025 年 1 月第 1 版第 7 次印刷
184mm×260mm · 15 印张 · 379 千字
标准书号:ISBN 978-7-111-70053-1
定价:79.00 元

电话服务　　　　　　　　　　网络服务

客服电话:010-88361066　　机 工 官 网:www.cmpbook.com

　　　　　010-88379833　　机 工 官 博:weibo.com/cmp1952

　　　　　010-68326294　　金 书 网:www.golden-book.com

封底无防伪标均为盗版　机工教育服务网:www.cmpedu.com

可编程序逻辑控制器（Programmable Logic Controller，PLC）在现今社会生产生活中发挥了极其重要的作用，广泛应用于机床、楼宇、石油、化工、电力、汽车、纺织机械、交通运输等各行各业，在促进产业实现自动化的同时，也提高了工作效率，提升了人们工作生活的便利性。

现今，PLC 已成为集数据采集与监控功能、通信功能、高速数字量信号智能控制功能、模拟量闭环控制功能等高端技术于一身的综合性控制设备，并成为很多控制系统的核心，更成为衡量生产设备自动化控制水平的重要标志。更为重要的是，随着技术的不断成熟，PLC的产品价格也在不断下降，进一步促进其广泛应用。这一趋势也催生了对 PLC 专业人才的大量需求，掌握 PLC 技术，可进行 PLC 编程，完成系统的搭建与维护工作，是现代自动化技术人员需要掌握的不可或缺的本领。为此，我们在多年程控自动化教学经验的基础上，结合现阶段主流 PLC，深入工业生产实际一线，特地编写了本套图书，以期能够帮助广大工程技术人员学好知识、掌握技能、快速上岗。

"程控自动化工程师精英课堂"是一套起点相对较低、内容深入浅出、立足工程实际、助力快速上手的实用图书。本书就是其中的一个分册，具体内容包括 PLC 概述、三菱 FX3U和 FX5U PLC 的硬件介绍及接线、编程软件的安装与使用、基本指令和功能指令、运动控制、模拟量和 PID、变频器在调速系统中的应用、FX3U 和 FX5U PLC 的通信等。

本套图书具有以下特点：

1. 设备新颖，无缝对接

本套图书选取了市场上主流厂商的新设备进行介绍，同时兼顾了老设备的使用方法，让读者通过学习能够了解新技术，从而做到与实际工作的无缝对接。

2. 内容完备，实用为先

本套图书立足让读者快速入门并能上手实操，内容上涵盖了从 PLC 基本知识点到编程操作，到通信连接，到运动控制，再到实际的案例说明，可谓一应俱全，为读者提供了一站式解决方案。

本套图书将实际工作中实用、常用的 PLC 知识点、技能点进行了全方位的总结，在注重全面性的同时，突出了重点和实用性，力求让读者做到学以致用。

3. 例说透彻，视频助力

本套图书在介绍具体知识点时，从自动化工程师的视角，采用了大量实际案例进行分解说明，增强了读者在学习过程中的代入感、参与感，而且给出的实例都经过了严格的验证，体现严谨性的同时，为读者自学提供了有力保障。

同时，为了让读者在学习过程中有更好的体验，我们还在重点知识点、技能点的旁边附上了二维码，通过用手机扫描二维码，读者可以在线观看相关教学视频和操作视频。

4. 超值服务，实现进阶

本套图书在编写过程中得到了上海程控教育科技有限公司的大力支持和帮助，读者在学习或工作过程中如果遇到问题，可登录 www. chengkongwang. com 获得更多的资料和帮助。我们将全力帮助您实现 PLC 技术的快速进阶。

在本套图书编写过程中，还得到了许多知名设备厂商、知名软件厂商和业界同人的鼎力支持与帮助，他们提供了许多相关资料及完善的意见和建议。值此成书之际，对关心本套图书出版、提出热心建议的单位和个人一并表示衷心的感谢。

由于编者水平有限，书中难免存在不足和错漏之处，恳请广大读者批评指正。

作 者

2021 年 4 月

目 录

第 1 章

PLC 概述

1.1 PLC 简介

国际电工委员会（IEC）于 1985 年对可编程控制器（Programmable Logic Controller, PLC）做了如下定义：可编程控制器是一种数字运算操作的电子系统，专为工业环境下应用而设计。它采用可编程序的存储器，用以存储执行逻辑运算、顺序控制、定时、计数和算数运算等操作的指令，并通过数字、模拟的输入、输出，控制各种类型的机械或生产过程。可编程控制器及相关设备都按易于与工业控制系统连成一个整体，易于扩充功能的原则设计。PLC 是一种工业计算机，其种类繁多，不同厂家的产品各自有各自的特点，但作为工业标准设备，PLC 有一定的共性。

1.2 PLC 的发展历史

20 世纪 60 年代以前，汽车生产线的自动控制系统基本上都是由继电器控制装置组成。当时每次改型都直接导致继电器控制装置的重新设计和安装，福特汽车公司的老板曾经说："不管顾客需要什么，我们生产的汽车都是黑色的。"从侧面反映了汽车的改型和升级换代比较困难。为了改变这一现状，1969 年，美国通用汽车公司（GM）公开招标，要求用新的装置取代继电器控制装置，并提出十项招标指标，要求编程方便、现场可修改程序、维修方便、采用模块化设计——体积小以及与计算机通信等。同一年，美国数字设备公司（DEC）研制出了世界上第一台 PLC——PDP-14，在美国通用汽车公司的生产线上试用成功，并取得了满意的效果，可编程控制器从此诞生。由于当时的 PLC 只能取代继电器接触器控制，功能仅限于逻辑运算、计时以及计数等，所以称为"可编程控制器"。随着微电子技术、控制技术及信息技术的不断发展，可编程控制器的功能不断增强。美国电气制造商协会（NE-MA）于 1980 年正式将其命名为"可编程控制器"，简称"PC"，由于这个名称与计算机的简称相同，容易混淆，因此在我国，很多人仍然习惯称可编程控制器为 PLC。

PLC 具有易学易用、操作方便、可靠性高、体积小、通用灵活和使用寿命长等一系列优点，因此，在工业领域很快得到了广泛应用。同时，这一新的技术也受到了其他国家的重视。1971 年日本引进了这项技术，很快研制出了日本第一台 PLC；欧洲于 1973 年研制出了第一台 PLC；我国从 1974 年开始研制，1977 年国产 PLC 正式投入工业应用。

20 世纪 80 年代以来，随着电子技术的迅猛发展，以 16 位和 32 位微处理器构成的微机化 PLC 得到快速发展（例如 GE 的 RX7i，使用的是赛扬 CPU，其主频率为 1GHz，其信息处理能力几乎与个人计算机相当），使得 PLC 在设计、性能价格比以及应用方面有了突破，不

1

仅控制功能增强、功耗和体积减小、成本下降、可靠性提高及编程和故障检测更为方便灵活，而且随着远程 IO 和通信网络、数据处理和图像显示的发展，PLC 已经普遍用于控制复杂的生产过程。PLC 已经成为工厂自动化的三大支柱之一。

1.3 PLC 的主要特点

PLC 之所以高速发展，除了工业自动化的客观需要外，还有许多适合工业控制的独特优点，它较好地解决了工业控制领域中普遍关心的可靠、灵活、安全、方便以及经济等问题。其主要特点如下：

（1）抗干扰能力强、可靠性高

在传统的继电器控制系统中，使用了大量的中间继电器、时间继电器，由于器件的固有缺点，如器件老化、接触不良以及触点抖动等现象，大大地降低了系统的可靠性。在 PLC 控制系统中大量的开关动作由无触点的半导体电路完成，因此故障大大减少。

此外，PLC 的硬件和软件方面采取了措施，提高了其可靠性。在硬件方面，所有的 IO 接口都采用了光电隔离，使得外部电路与 PLC 内部电路实现了物理隔离。各模块均采用了隔离措施，以防止辐射干扰。电路中采用了滤波技术，以防止或抑制高频干扰。在软件方面，PLC 具有良好的自诊断功能，一旦系统的软硬件发生异常，CPU 会立即采取有效措施，以防止故障扩大。此外，PLC 还具有看门狗功能。

对于大型 PLC 系统，还可采取双 CPU 构成冗余系统或者三 CPU 构成表决系统，使系统的可靠性进一步提高。

（2）程序简单易学，系统的设计调试周期短

PLC 是面向客户的设备。PLC 的生产厂商充分考虑到现场技术人员的技能和习惯，采用了梯形图或面向工业控制的简单指令形式。梯形图与继电器原理图很相似，直观、易懂、易掌握，不需要专门学习计算机知识和语言。设计人员在设计室即可设计、修改和模拟调试程序，非常方便。

（3）安装、维修方便

PLC 不需要专门的机房，可以在各种工业环境下直接运行，使用时只需要将现场的各种设备与 PLC 相应的 IO 端相连接，即可投入运行。各种模块上均有运行和故障指示装置，便于用户了解运行情况和查找故障。

（4）采用模块化结构，体积小，重量轻

为了适应工业控制要求，除整体式 PLC 外，绝大多数 PLC 采用模块化结构。PLC 的各部件，包括 CPU、电源及 IO 等都采用模块化设计。此外，PLC 相对于通用工控机，其体积和重量要小得多。

（5）丰富的 IO 接口模块，扩展能力强

PLC 针对不同的工业现场信号（如交流或直流、开关量或模拟量、电压或电流、脉冲或电位及强电或弱电等）均有相应的 IO 模块与工业现场的器件或设备（如按钮、行程开关、接近开关、传感器及变压器及电磁线圈、控制阀等）直接连接。另外，为了提高操作性能，它还有多种人机对话的接口模块；为了组成工业局部网络，还有多种通信接口模块等。

1.4 PLC 的应用范围

目前，PLC 在国内外已广泛应用于专用机床、机床、控制系统、楼宇自动化、钢铁、石油化工、电力、建材、汽车、纺织机械、交通运输、环保以及文化娱乐等各行各业。随着 PLC 的性能价格比的不断提高，其应用范围还将不断被扩大，其应用场合可以说无处不在。具体应用大致可归纳为如下几类：

（1）顺序控制

顺序控制是 PLC 最基本、最广泛应用的领域，它取代传统的继电器顺序控制，用于单机控制、多机群控制、自动化生产线的控制，例如数控机、注塑机、印刷机械、电梯控制和纺织机械等。

（2）计数和定时控制

PLC 为用户提供了足够的定时器和计数器，并设置了相关的定时和计数指令。PLC 的计数器和定时器精度高，使用方便，可取代继电器系统中的时间继电器和计数器。

（3）位置控制

目前大多数的 PLC 制造商都提供拖动步进电动机或伺服电动机的单轴或多轴位置控制模块，这一功能可广泛用于各种机械，如金属切削机床、装配机械等。

（4）模拟量处理

PLC 通过模拟量的输入/输出模块，实现模拟量与数字量的转换，并对模拟量进行控制，有的还具有 PID 控制功能，例如用于锅炉的水位、压力和温度控制。

（5）数据处理

现代的 PLC 具有数学运算、数据传递、转换及排序和查表等功能，也能完成数据的采集、分析和处理。

（6）通信联网

PLC 的通信包括 PLC 相互之间、PLC 与上位计算机以及 PLC 和其他智能设备之间的通信，PLC 系统与通用计算机可以直接或通过通信处理单元、通信转接器相连构成网络，以实现信息的交换，并可构成"集中管理、分散控制"的分布式控制系统，满足工厂自动化系统的需要。

1.5 PLC 的分类

（1）从组成结构形式分类

可以将 PLC 分为两类：一类是整体式 PLC（也称单元式），其特点是电源、中央处理单元和 IO 接口都集成在一个机壳内；另一类是标准模板式结构化的 PLC（也称组合式），其特点是电源模块、中央处理单元模块和 IO 模块等在结构上是相互独立的，可以根据具体的应用要求，选择合适的模块，安装在固定的机架或导轨上，构成一个完整的 PLC 应用系统。

（2）按 IO 点容量分类

1）小型 PLC，IO 点数一般在 128 点以下。

2）中型 PLC，采用模块化结构，其 IO 点数在 256~1042 点之间。

3）大型 PLC，IO 点数在 1024 点以上。

1.6 PLC 的发展趋势

PLC 的发展趋势主要有以下几个方面。

1）向高速度、大容量发展。

2）网格化。强化通信能力和网格化，向下将多个 PLC 或者多个 IO 框架相连，向上与工业计算机、以太网等相连，构成整个工厂的自动化控制系统。

3）小型化、低成本、简单易用。

4）不断提高编程软件的功能。编程软件可以对 PLC 控制系统的硬件组态，在屏幕上可以直接生成和编辑梯形图、指令表、功能块图和顺序功能图程序，并可以实现不同的编程语言的相互转换。程序可以下载、存盘和打印，通过网络或电话线还可以实现远程编程。

5）适合 PLC 应用的新模块。

1.7 PLC 与继电器系统的比较

在 PLC 出现之前，继电器接线电路是逻辑、顺序控制的唯一执行者，它结构简单、价格低廉，一直被广泛应用。PLC 出现以后，几乎所有方面都超过继电器控制系统，两者的性能比较见表 1.1。

表 1.1 继电器与 PLC 的性能比较

序 号	比 较 项 目	继电器控制	PLC 控制
1	控制逻辑	硬接线多、体积大、连接多	软逻辑、体积小、接线少、控制灵活
2	控制速度	通过触点开关实现控制，动作受继电器硬件限制，通常超过 10ms	由半导体电路实现控制，指令执行时间短，一般为 μs 级
3	定时控制	由时间继电器控制，精度差	由集成电路的定时器完成，精度高
4	设计与施工	设计、施工及调试必须按照顺序进行，周期长	系统设计完成后，施工与程序设计同时进行，周期短
5	可靠性与维护	继电器的触点寿命短，可靠性和维护性差	无触点、寿命长，可靠性高和有自诊断功能
6	价格	价格低	价格高

第2章

三菱 FX3U 和 FX5U PLC 的硬件介绍及接线

2.1 FX3U 和 FX5U PLC 的硬件介绍

本章介绍三菱 FX3U 和 FX5U PLC 的基本单元、I/O 扩展单元和扩展模块、特殊功能单元、接线与安装。本章内容是后续程序设计和控制系统设计的前导知识。

2.1.1 三菱 PLC 简介

三菱 PLC（Mitsubish Power Line Communication）是三菱电机公司生产的产品在我国市场占有较大份额。三菱控制器产品主要分为：可编程控制器 MELSEC、伺服系统控制器、计算机数字控制器（CNC）。三菱可编程控制器 MELSEC（即三菱 PLC）几大系列分为：MELSEC iQ-R 系列、MELSEC iQ-F 系列、MELSEC-Q 系列、MELSEC-L 系列、MELSEC-F 系列和 MELSEC-QS/WS 系列。其中三菱公司 FX 系列产品中有 FX1S、FX1N、FX2N、FX2NC 4 个子系列在 2012 年 12 月已经停产。FX3U 系列产品为 FX2N 替代产品，基本性能大幅提升，晶体管输出型的基本单元内置了 3 轴独立最高 100kHz 的定位功能，并且增加了新的定位指令，从而使得定位控制功能更加强大，使用更为方便。FX5U 则是 FX3U 的升级产品，与 FX3U 相比，其提升了基本性能，且内置了模拟量功能和 4 轴 200kHz 高速定位功能；不仅如此它还添加了以太网网口，供用户上传下载程序以及通信使用。三菱 PLC 产品如图 2.1 所示。

FX1S

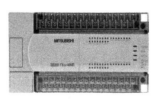
FX2N

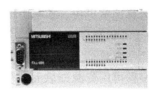
FX3U

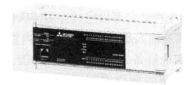
FX5U

图 2.1　三菱 PLC 产品

2.1.2 FX3U PLC 简介

FX3U PLC 是三菱公司最新推出的第三代小微型 PLC 系列产品。FX3U 是单元式结构, 由基本单元、扩展单元、扩展模块及特殊适配器等部分组成, PLC 外部硬件功能图如图 2.2 所示。仅用基本单元或由基本单元与上述其他单元组合起来使用均可。FX3U PLC 的扩展单元主要在基本单元右边, 向左可以扩展最多达到 10 个特殊适配器 (包括模拟量及通信适配器), 因而扩展能力及通信能力大大加强。由于定位为小微型 PLC, FX3U PLC 单机可控制的输入输出点数仍为 256 点, 通过远程 I/O (CC-LINK) 方式可以扩展到 384 点。FX3U PLC 新增加的功能指令占用原空置的功能指令号, 因而 FX 用户转用 FX3U PLC 不会产生困难。FX3U PLC 适用的编程软件为 GX Works2。

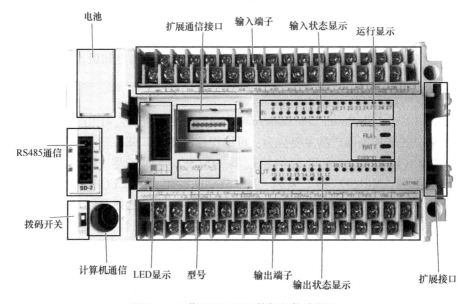

图 2.2 三菱 FX3U PLC 外部硬件功能图

1. 性能特点

1) 运算速度更快。基本逻辑指令的运算速度 FX3U PLC 为 0.065μs/条; 功能指令的运算速度为 (0.642μs~几百 μs)/条。其运算速度与一般大、中型 PLC 已经没什么差别。

2) 程序容量扩大。FX3U PLC 的程序容量大幅增加到 64K 步 (约 128KB)。

3) 编程可用资源即软元件数量及功能指令数量均大幅增加。例如, 内部辅助继电器 (M) 成倍增加, 达 7680 点; 状态继电器 (S) 由 1K 点增至 4K 点; 定时器 (T) 也成倍增加, 达 512 点; 功能指令数增加到 209 条。

4) 特殊适配器与新增功能指令相结合可以完成许多特殊任务。例如, FX3U PLC 内置 6 点 100kHz 32bit 高速计数功能, 高速输入端口为 X0~X5, 内置独立 3 轴最高 100kHz 的定位功能。配合特殊适配器甚至可以实现最高 200kHz 的定位功能。

5) 通信能力大大加强。向下方便地连接现场设备, 包括条形码阅读器、打印机等通用设备, 平行于其他 PLC; 向上与大型 PLC 及管理计算机都能很方便地连通。由于可同时扩展多个通信适配器, 因而可同时实现多种通信, 包括 RS232C、RS485、RS422 及 USB 通信。

2. FX3U PLC 基本单元及常用模块

FX3U PLC 吸取了整体式和模块式 PLC 的优点，各单元间采用叠装式连接，即 PLC 的基本单元、扩展单元和扩展模块的深度及高度均相同，连接时不用基板，仅用扁平电缆连接，即可构成一个整齐的长方体。FX3U PLC 的硬件包括基本单元、扩展单元、扩展模块、模拟量 I/O 模块、各种特殊功能模块及外围设备等。

使用 FROM/TO 指令的特殊功能模块，如模拟量输入和输出模块、高速计数模块等，可直接连接到 PLC 的基本单元或连接到其他扩展单元、扩展模块的右边。根据与基本单元的距离，对每个模块按 0~7 的顺序编号，最多可连接 8 个特殊功能模块，如图 2.3 所示。

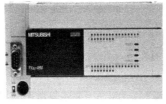

图 2.3　三菱 FX3U PLC 基本单元及扩展模块

3. 基本单元

基本单元是构成 PLC 的核心部件，内部有 CPU、存储器、I/O 模块、通信接口和扩展接口等。FX3U PLC 基本单元有 16、32、48、64、128 点多种，每个基本单元都可以通过 I/O 扩展单元扩展到 256 点。其基本单元型号如图 2.4 所示。

FX3U-64MT/DS

系列序号：　3S、3G、3U、3UC
单元类型：M——基本单元
　　　　　　E——扩展单元
　　　　　　EX——扩展输入单元(模块)
　　　　　　EY——扩展输出单元(模块)
输入/输出形式：
　　　　　　R/ES——AC电源/继电器输出
　　　　　　T/ES——AC电源/晶体管(漏型)输出
　　　　　　T/ESS——AC 电源/晶体管(源型)输出
　　　　　　R/DS——DC电源/继电器输出
　　　　　　T/DS——DC电源/晶体管(漏型)输出

图 2.4　基本单元

4. 功能单元

FX3U PLC 具有较为灵活的 I/O 扩展功能，可利用扩展单元及扩展模块实现 I/O 扩展。扩展单元内部设有电源。扩展模块用于增加 I/O 点数及改变 I/O 比例，内部无电源，用电由基本单元或扩展单元供给。FX3U 系列不仅可以扩展数字 I/O 点数，还能扩展具有特殊功能的模块，如模拟量 I/O 单元、高速计数单元、位置控制单元和通信单元等。这些单元大多数通过基本单元的扩展接口连接基本单元，也可以通过编程器接口接入或通过主机上并接的适配器接入，不影响原系统的扩展。功能单元如图 2.5 所示。

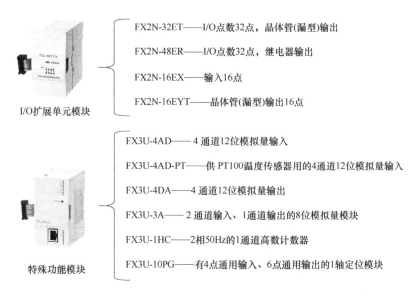

I/O扩展单元模块

FX2N-32ET——I/O点数32点，晶体管(漏型)输出

FX2N-48ER——I/O点数32点，继电器输出

FX2N-16EX——输入16点

FX2N-16EYT——晶体管(漏型)输出16点

特殊功能模块

FX3U-4AD——4通道12位模拟量输入

FX3U-4AD-PT——供PT100温度传感器用的4通道12位模拟量输入

FX3U-4DA——4通道12位模拟量输出

FX3U-3A——2通道输入、1通道输出的8位模拟量模块

FX3U-1HC——2相50Hz的1通道高数计数器

FX3U-10PG——有4点通用输入、6点通用输出的1轴定位模块

图2.5　功能单元（扩展模块）

2.1.3　FX5U PLC 简介

　　三菱小型可编程控制器 MELSEC iQ-F 系列（FX5U 系列）是 FX3U PLC 的升级产品。FX5U PLC 大大地提高了基本性能、软件环境的改善和与驱动产品的连接，与 FX3U PLC 相比，FX5U 的系统总线速度提升了 150 倍。不仅如此，FX5U PLC 最大可扩展 16 个扩展模块，内置有模拟量输入输出功能和以太网接口，以及 4 轴 200kHz 高速定位功能。FX5U PLC 外部硬件功能图如图 2.6 所示。

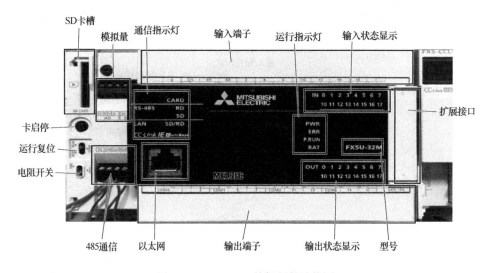

图2.6　FX5U PLC 外部硬件功能图

　　FX5U PLC 基本单元有 FX5U 和 FX5UC 两种。以 FX5U 为例，它具有 32~256 点输入输出、64KB 程序存储器、内置以太网口、RS485 端口以及 12 位模拟量两路输入一路输出通

道，还有 8 通道 200kHz 高速脉冲输入的内置高速计数器。

1. FX5U PLC 基本单元及扩展模块

FX5U PLC 是 FX3U PLC 的升级版，那么 FX5U PLC 也继承了整体式和模块式 PLC 的优点，各单元之间采用叠装式连接，即 PLC 的基本单元、扩展单元和扩展模块深度及高度均相同，连接时不用基板，仅用扁平电缆连接，即可构成一个整齐的长方体。FX5U PLC 的硬件包括基本单元、扩展单元、扩展模块、模拟量 I/O 模块、各种特殊功能模块及外围设备等，如图 2.7 所示。

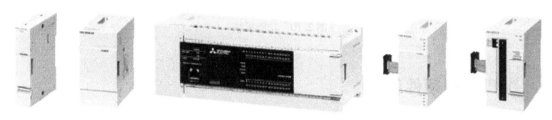

图 2.7　FX5U PLC 基本单元及扩展模块

2. FX5U PLC 的基本单元

FX5U PLC 基本单元是构成 PLC 的核心部件，内部有 CPU、存储器、I/O 模块、通信接口和扩展接口等。FX5U PLC 基本单元有 32、64、80 点，每个基本单元都可以通过 I/O 扩展单元扩展到 256 点。其基本单元如图 2.8 所示。

FX5U-64MT/ES

系列序号：5U、5UC

单元类型：M—— 基本单元
　　　　　E—— 扩展单元
　　　　　EX—— 扩展输入单元(模块)
　　　　　EY—— 扩展输出单元(模块)

输入/输出形式：

　　　　　R/ES——AC电源/继电器输出

　　　　　T/ES——AC电源/晶体管(漏型)输出

　　　　　T/ESS——AC 电源/晶体管(源型)输出

　　　　　R/DS——DC电源/继电器输出

　　　　　T/DS——DC电源/晶体管(漏型)输出

图 2.8　基本单元

3. 功能单元（见图 2.9 和图 2.10）

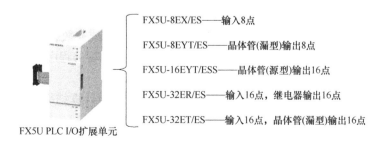

FX5U-8EX/ES——输入8点

FX5U-8EYT/ES——晶体管(漏型)输出8点

FX5U-16EYT/ESS——晶体管(源型)输出16点

FX5U-32ER/ES——输入16点，继电器输出16点

FX5U-32ET/ES——输入16点，晶体管(漏型)输出16点

FX5U PLC I/O扩展单元

图 2.9　I/O 扩展单元

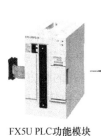

定位模块：FX5-40SSC-S——4轴控制(支持SSCNET\H)
FX3U-1PG——单独控制1轴的脉冲输出

模拟量模块：FX3U-4AD——4通道电压/电流输入
FX3U-4DA——4通道电压/电流输出

网络模块：FX3U-16CCL-M——CC-LINK 用作主站
FX3U-64CCL——CC-LINK 用作智能设备站

FX5U PLC功能模块

图 2.10　功能模块

 2.2　PLC 的硬件组成

PLC 种类繁多，但其基本结构和功能工作原理相同，主要是由 CPU（中央处理器）、存储器、通信接口、电源和输入输出接口等部分组成，如图 2.11 所示。

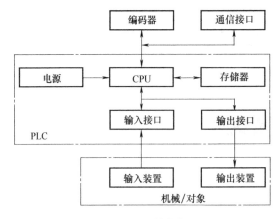

图 2.11　PLC 结构框图

2.2.1　CPU

CPU 的功能是完成 PLC 内所有的控制和监控操作。CPU 一般由控制器、运算器和寄存器组成。CPU 通过数据总线、地址总线和控制总线与存储器输入输出接口电路连接。

在 PLC 中使用两种类型的存储器，一种是只读类型的存储器，如 EPROM 和 EEP ROM；另一种是可读写的随机存储器 RAM。PLC 的存储器分为五种，如图 2.12 所示。

程序存储器的类型是只读存储器（ROM），PLC 的操作系统存放在这里，程序由制造商固化，通常不能修改。存储器中的程序负责解释和编译用户编写的程序、监控 I/O 接口的状态、对 PLC 进行自诊断以及扫描 PLC 中的程序等。

系统存储器属于随机存储器（RAM），主要用于存储中间计算结果和数据、系统管理，有的 PLC 厂商用系统存储器存储一些系统信息（如错误代码等），系统存储器不对用户开放。

I/O 状态存储器属于随机存储器，用于存储 I/O 装置的状态信息，每个输入接口和输出

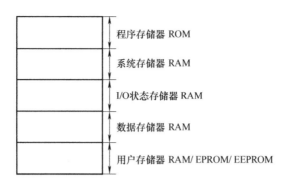

图 2.12　存储器的区域划分

接口都在 I/O 映像表中分配一个地址，而这个地址是唯一的。

数据存储器属于随机存储器，主要用于数据处理功能，为计数器、定时器、算术计算和过程参数提供数据存储。有的厂商将数据存储器细分为固定数据存储器和可变数据存储器。

用户存储器的类型是随机存储器，可擦除存储器（EPROM）和电可擦除存储器（EEP-ROM），高档 PLC 还可以用 FLASH。用户存储器主要用于存放用户编写的程序。存储器的关系如图 2.13 所示。

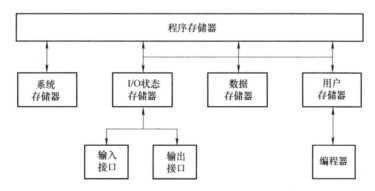

图 2.13　存储器的关系

只读存储器可以用来存放系统程序，当 PLC 断电后再上电，系统内容不变且重新执行。只读存储器也可用来固化用户程序和一些重要参数，以免因偶然操作失误而造成程序和数据的破坏和丢失。

随机存储器中存放用户程序和系统参数。当 PLC 处于编程工作时，CPU 从 RAM 中取指令并执行。用户程序执行过程中产生的中间结果也在 RAM 中暂时存放。RAM 通常由 CMOS 集成电路组成，其功耗小，但断电时内容会消失，所以一般使用大电容或后备锂电池保证掉电后内容在一定时间内不会丢失。

2.2.2　输入/输出接口

PLC 的输入和输出信号可以是开关量或模拟量。输入/输出接口（I/O）是 PLC 内部弱电信号和工业现场强电信号联系的桥梁。输入/输出接口主要有两个作用：一是利用内部的电气隔离电路将工业现场和 PLC 内部进行隔离，起保护作用；二是调制信号，可把不同的信号（如强电、弱电信号）调制成 CPU 可以处理的信号（5V、3.3V 或 2.7V 等），如图 2.14 所示。

输入/输出接口模块是 PLC 系统中最大的部分，输入/输出接口模块通常需要电源，输入电路的电源可以由外部提供，对于模块化 PLC 还需要背板（安装机架）。

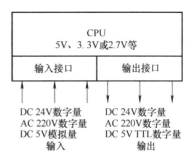

图 2.14　输入/输出接口

1. 输入接口电路

（1）输入接口电路的组成和作用

输入接口电路由接线端子、信号调制和电平转换电路、状态显示电路、电气隔离电路和多路选择开关模块组成，如图 2.15 所示。现场的信号必须连接在输入端子才可能将信号输入到 CPU 中，它提供了外部信号输入的物理接口；调制和电平转换电路十分重要，可以将工业现场信号（如强电 AC 220V 信号）转换成电信号（CPU 可以识别的弱电信号）；电气隔离电路主要是利用电气隔离器件将工业现场的机械或者电输入信号和 PLC 的 CPU 信号隔开，它能确保过高的电干扰信号和浪涌不传入 PLC 的微处理器。起保护作用有三种隔离方式，用得最多是光电隔离，其次是变压器隔离和干簧继电器隔离。当外部有信号输入时，输入模块上有指示灯显示，这个电路比较简单，当电路中有故障时，它帮助用户查找故障，由于氖灯或 LED 灯的寿命比要长，所以这个灯通常是氖灯或者 LED 灯；多路选择开关接受调制完成的输入信号，并存储在多路选择开关模块中，当输入循环扫描时，多路选择开关模块中的信号输送到 I/O 状态寄存器中。

图 2.15　输入/输出接口电路结构

（2）输入信号的设备种类

输入信号可以是离散信号和模拟量信号。当输入端是离散信号时，输入端的设备类型可以是限位开关、按钮、压力继电器、继电器触点、接近开关、选择开关以及光电开关等，如图 2.16 所示。当输入为模拟量时，输入设备的类型可以是压力传感器、温度传感器、流量传感器、电压传感器、电流传感器以及力传感器等。

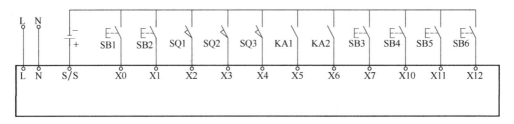

图 2.16　输入/输出接口（输入端是离散信号）

2. 输出接口电路

（1）输出接口电路的组成和作用

输出接口电路由多路选择开关模块、信号锁存器、电气隔离电路、模块状态显示、输出电平转换电路和接线端子组成。在输出扫描期间，多路选择开关模块接受来自映像表中的输出信号，并对这个信号的状态和目标地址进行译码，最后将信息送给锁存器；锁存器将多路选择开关模块的信号保存起来，直到下一次更新；输出接口的电气隔离电路作用和输入模块是一样的，但是由于输出模块输出的信号比输入信号要强得多，因此要求隔离电磁干扰和浪涌的能力更高；输出电平转换电路将隔离电路送来的信号放大成可以足够驱动现场设备的信号，放大器件可以是双向晶体管、晶体管和干簧继电器等；输出的接线端子用于将输出模块与现场设备相连。

　　三菱 PLC 有两种输出接口形式，即继电器输出、晶体管输出。继电器输出的 PLC 的负载电源是直流电源或交流电源，但其输出频率响应慢，其内部电路图如图 2.17 所示。晶体管输出的 PLC 负载电源是直流电源，其输出频率响应较快，其内部电路图如图 2.18 所示。选型时要特别注意 PLC 的输出形式。

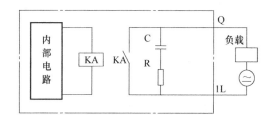 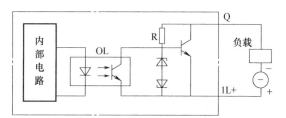

图 2.17　继电器输出内部电路　　　　图 2.18　晶体管输出内部电路

（2）输出信号的设备种类

　　输出信号可以是离散信号和模拟量信号。当输出是离散信号时，输出端的设备类型可以是电磁阀的线圈、电动机起动器、控制柜的指示器、接触器线圈、LED 灯、指示灯、继电器线圈、报警器和蜂鸣器等。当输出为模拟量时，输出端的设备类型可以是流量阀、AC 驱动器（如交流伺服驱动器）、DC 驱动器、模拟量仪表、温度控制器和流量控制器等。

2.2.3　通信接口

　　PLC 配有各种通信接口，这些接口一般都带有通信处理器，PLC 通过这些接口可与监视器、变频器、伺服控制器、其他 PLC 及上位机等设备进行通信。

（1）RS232 接口

RS232 接口是圆孔九针接口，是 PLC 和计算机连接的端口，用于上传下载程序，也是 PLC 和触摸屏连接用接口。

（2）RS485 接口

RS485 接口是五线端子接口，用于 PLC 和 PLC、PLC 和变频器、PLC 和其他工控仪表等通信。FX3U PLC 本身不带 RS485 接口，用户可以根据自己的需要来配备 485ADP 模块、485BD 板或者 RS232 转 RS485 通信板。

2.2.4　扩展接口

　　外围设备扩展接口是 PLC 和扩展模块以及特殊功能模块通信的接口，主要包括输入输出扩展模块及模拟量、定位、高速计数器、温度、PID 等模块，随着 PLC 的进一步发展，

13

特殊功能模块也会越来越多。

2.2.5　拨码开关

拨码开关控制 PLC 的工作运行和停止的两个状态。运行状态一般是执行用户程序时的状态，停止状态一般处于程序修改与编制时期。

2.2.6　电源

PLC 的电源是指把外部供应端的交流电源经过整流、滤波、稳压处理后转换成满足 PLC 内部 CPU、存储器和 I/O 接口等电路工作需要的直流电源或电源模块。不同型号的 PLC 有不同供电方式，所以 PLC 的输入电压既有 DC 12V、DC 24V，又有 AC 110V 和 AC 220V。

除此之外，还有断电保护电池，一般三菱 PLC 产品中的锂电池在 PLC 主机不通电工作的状态下，可以起到保存断电保持寄存器的数据、实时时钟以及程序的作用。对于三菱 PLC 内置的锂电池的使用寿命问题，经过多年一线的使用经验和客户的反馈数据来看，在三菱 PLC 一直不通电工作的情况下，该电池的使用寿命在 6~8 个月，但内置电池在 PLC 通电工作时马上就会自动充电。三菱 PLC 内置的锂电池的设计使用寿命是在五年以上，而在实际使用过程中最长的甚至可以达到十几年！

如果 PLC 的电池没电了，电池的报警灯（BATT 灯）也会提前一个月报警。看到报警灯亮时，买一块新的电池回来，把旧的拆下来，在 20s 内装上去即可。

2.2.7　面板显示灯

POWER 灯是电源指示灯，电源通电后，此灯就会长亮。RUN 灯是 PLC 的运行指示灯，一般长亮，当 PLC 拨码开关拨到 STOP 时或者是程序报错时，此灯都会熄灭。BATT 灯是电池报警灯，电池没电时会提前一个月报警，此灯闪烁时，就证明需要更换电池了。ERROR 灯是错误报警灯，当 PLC 运算错误和程序编写错误时都会亮，一旦它亮了，RUN 灯就会熄灭。当错误解除后需要把拨码开关重新拨到 RUN 状态。

2.3　PLC 硬件接线

2.3.1　PLC 外部接线

FX 系列 PLC 的接线端子一般由上下两排交替分布，这样排列方便接线，接线时一般先接下面一排（对于输入端，先接 X0、X2、X4 等接线端子，后接 X1、X3、X5 等接线端子）。端子分布图如图 2.19 所示。图中"①"处的 3 个接线端子是基本模块的交流电源接线端子，其中 L 接交流电源的相线，N 接交流电源的零线，⏚接地线；"②"处的 S/S 是单元的公共端；"③"处是基本单元（模块）供给外部的输出 24V 电源；"④"处的接线端子是数字量输入接线端子；"⑤"处的圆点表示此处为空白端子，不用；"⑥"处的 COM1 是第一组输出端的公共接线端子，这个公共接线端子是输出点 Y0、Y1、Y2、Y3 的公共接线端子；"⑦"处是数字量输出端子。

1）FX3U PLC 基本单元的输入端可以是 NPN 型（漏型，低电平）和 PNP 型（源型，高电平），三菱默认一般都是 NPN 型的接法。

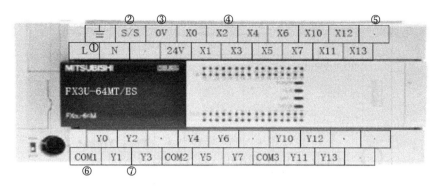

图 2.19　FX3U PLC 的端子分布图

FX3U 系列 PLC 输入端的接线如图 2.20 所示。

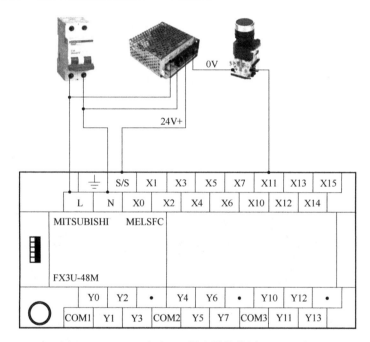

图 2.20　FX3U 系列 PLC 输入端接线图（NPN 型）

注意：在实际应用接线时，其中 L 和 N 是向 CPU 供电的接线端子，供电电源为交流 220V，也有供给 CPU 电源是直流 24V 的（看具体型号）。在零线后还有 24V 和 0V 的接线端子，这是 CPU 供给外部的直流 24V 电源，输出功率较小，带载能力弱，一般不建议使用。

初学者不容易区分 NPN 型和 PNP 型的接法，经常混淆，掌握以下方法就不会出错。把 PLC 作为负载，以输入开关（通常为接近开关）为对象，若信号从开关流出（信号从开关流出，流入 PLC），则 PLC 的输入类型为 PNP 型接法；若信号从开关流入（信号从 PLC 流出，流入开关），则 PLC 的输入类型为 NPN 型接法。

2) FX3U PLC 基本单元的输出端可以是继电器输出或晶体管输出。一般晶体管输出用于输出频率高的场合，有 NPN 型（漏型）输出和 PNP 型（源型）输出两种形式。晶体管输出的 PLC 只能使用直流电源；对于 NPN 型输出，其公共端和电源的 0V 接在一起；那么对于 PNP 型输出，其公共端和电源的 24V 接在一起。图 2.21 为晶体管 NPN 型输出。

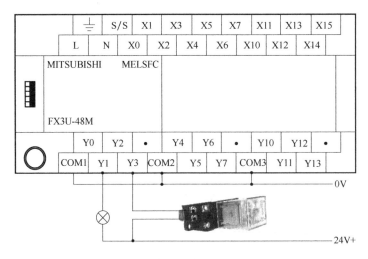

图 2.21　输出接线图（NPN 型）

不管是 FX3U 还是 FX5U PLC 在硬件接线时，均可以按照以上的方法进行，也可以在三菱电机公司的官网下载 PLC 的硬件使用说明书，按照使用说明和 PLC 上标注的符号信息接线。FX5U PLC（见图 2.22）是 FX3U 的升级版，其接线方式与 FX3U 接线方式相同，这里就不再重复介绍。

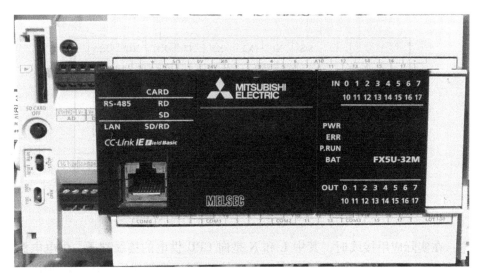

图 2.22　FX5U 系列 PLC 正面图

2.3.2　传感器接线

1. 传感器介绍

传感器是一种检测装置，能检测到被测量的信息，并能将检测到的信息，按一定规律变换成电信号或其他所需形式的信息输出，以满足信息的传输、处理、存储、显示、记录和控制等要求。

传感器具有微型化、数字化、智能化、多功能化、系统化、网络化的特点。它是实现自动检测和自动控制的首要环节。传感器的存在和发展，让物体有了触觉、味觉和嗅觉等感官，让物体慢慢"活"了起来。通常根据其基本感知功能分为热敏元件、光敏元件、气敏元件、力敏元件、磁敏元件、湿敏元件、声敏元件、放射线敏感元件、色敏元件和味敏元件等十大类。

2. 接近开关（见图 2.23）接线

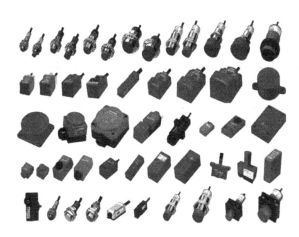

图 2.23　接近开关

在直流电路中使用的接近开关有二线式（2 根导线）、三线式（3 根导线）和四线式（4 根导线）等多种，二线式、三线式、四线式接近开关都有 NPN 型和 PNP 型两种，通常日本和美国多使用 NPN 型接近开关，欧洲多使用 PNP 型接近开关。NPN 型和 PNP 型两种接近开关的接线方法不同，其属性出厂时就已经固定了，所以后期想把 NPN 型的改成 PNP 型的比较麻烦。

接近开关的导线有多种颜色，一般情况下，BN 表示棕色导线，BU 表示蓝色导线，BK 表示黑色导线，WH 表示灰色导线。对于三线式接近开关，BN 棕色线与电源正极相连，BU 蓝色线与电源负极相连，黑色线为反馈信号线（简称信号线）。接近开关的接线如图 2.24 所示。

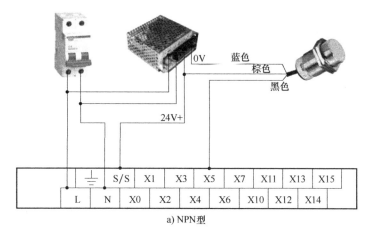

a) NPN型

图 2.24　接线开关接线

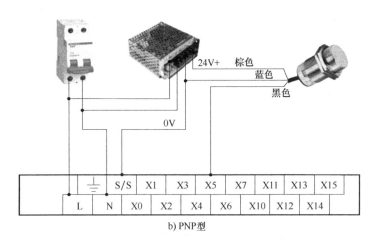

图 2.24　接线开关接线（续）

2.4　PLC 的工作原理

PLC 是一种存储程序的控制器。用户根据某一对象的控制要求，编写好控制程序后，用编程器将程序输入到 PLC（或用计算机下载到 PLC）的用户程序存储器中寄存。PLC 的控制功能就是通过运行用户程序来实现的。

PLC 运行程序的方式与微型计算机相比有较大的不同。微型计算机运行程序时，一旦执行到 END 指令，程序运行便结束；而 PLC 从 0 号存储地址所存放的第一条用户程序开始，在无中断或跳转的情况下，按存储地址号递增的方向顺序逐条执行用户程序，直到 END 指令结束。然后再从头开始执行，并周而复始地重复，直到停机或从运行（RUN）切换到停止（STOP）状态。PLC 这种执行程序的方式称为扫描工作方式。每扫描一次程序就构成一个扫描周期。另外，PLC 对输入、输出信号的处理与微型计算机不同。微型计算机对输入、输出信号实时处理，而 PLC 对输入、输出信号是集中批处理。下面具体介绍 PLC 的扫描工作过程。其内部运行和信号处理示意图 2.25 所示。

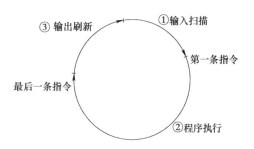

图 2.25　PLC 内部运行和信号处理示意图

PLC 扫描工作方式主要分为三个阶段：输入扫描、程序执行和输出刷新。

2.4.1　输入扫描

PLC 在开始执行程序之前，首先扫描输入端子，按顺序将所有的输入信号读入到寄存器-输入状态的输入映像寄存器中，这个过程称为输入扫描。PLC 在执行程序时，不是从输入端子取信号，而是从输入映像寄存器读取信号的。在本工作周期内这个采样结果的内容不会改变，只有到下一个扫描周期输入扫描阶段才被刷新。PLC 的扫描速度取决于 CPU 的时钟速度。

2.4.2 程序执行

PLC 完成输入扫描工作后，按顺序从 0 号地址开始的程序进行逐条扫描，并分别从输入映像寄存器、输出映像寄存器以及辅助继电器中获得所需的数据并进行运算处理，再将程序执行的结果写入输出映像寄存器中保存。但这个结果在全部程序未被执行完毕之前不会送到输出端子上，也就是物理输出不会改变。扫描时间取决于程序的长度、复杂程度和 CPU 的功能。

2.4.3 输出刷新

在执行到 END 指令时，即执行完用户所有程序后，PLC 将输出映像寄存器中的内容送到输出锁存器中进行输出，驱动用户设备。扫描时间取决于输出模块数量。

从以上的介绍可以知道，PLC 程序扫描特性决定了 PLC 的输入和输出状态并不能在扫描的同时改变，例如一个开关的输入信号的输入刚好在输入扫描之后，那么这个信号只有在下一个扫描周期才能被读入。

上述三个步骤是 PLC 的软件处理过程，可以认为就是程序扫描时间。扫描时间通常由 3 个因素决定，一是 CPU 的时钟速度，越高档的 CPU，时钟速度越快，扫描时间越短；二是 I/O 模块的数量，模块数量越少，扫描时间越短；三是程序的长度，程序长度越短，扫描时间越短。一般的 PLC 执行容量为 1KB 的程序需要的扫描时间是 1~10ms。

立即操作就是立即置位、立即复位指令优先权，传统输出指令是当程序扫描周期完成，输出过程映像寄存器中存储的数据被复制到物理输出点；而立即输出不受扫描周期影响，立即刷新物理输出点，在一些安全功能或防止误动作的重要节点上可使用。

2.5 PLC 的编程语言

PLC 的控制作用是靠执行用户程序来实现的，因此必须将控制系统的控制要求用程序的形式表达出来。程序编制就是通过 PLC 的编程语言将控制要求描述出来的过程。

国际电工委员会（IEC）规定的 PLC 的编程语言有 5 种，分别是梯形图编程语言、指令语句表编程语言、顺序功能图编程语言（也称状态转移图）、功能块图编程语言、结构文本编程语言，其中最为常用的是前 3 种，后面将分别介绍。

2.5.1 梯形图

梯形图编程语言是目前使用最多的 PLC 编程语言。梯形图是在继电器接触器控制电路的基础上简化符号演变而来的，也就是说，它是借助类似于继电器的常开、常闭触点和线圈以及串联与并联等术语和符号，根据控制要求连接而成的表示 PLC 输入与输出之间逻辑关系的图形，在简化的同时还增加了许多功能强大、使用灵活的基本指令和功能指令等，同时将计算机的特点结合进去，使得编程更加容易，而实现的功能却大大超过传统继电器控制电路梯形图。其触点、线的表示如图 2.26 所示。

0
X002
MOV K100 D5
6
X003
D5
T10
10
T10
Y000
12
END

图 2.26　梯形图

2.5.2　指令语句表

指令语句表编程语言是一种类似于计算机汇编语言的助记符编程方式，用一系列操作指令组成的语句将控制流程表达出来，并通过编程器送到 PLC 中去。需要指出的是，不同的厂商的 PLC 指令语句表使用的助记符有所不同。

指令语句表是由若干个语句组成的程序，语句是程序的最小独立单元。PLC 指令语句表的表达式与一般的微机编程语言的表达式类似，也是由操作码和操作数两部分组成。操作码由助记符表示，如 LD、AND 等，如图 2.27 所示，用来说明要执行的功能。操作数一般由操作码和操作数组成。标识符表示操作数的类型，例如表明输入继电器、输出继电器、定时器、计数器、数据寄存器等，参数表明操作数的地址或一个预先设定值。

```
LD    X0
AND   X1
OUT   Y0
OR    Y0
```

图 2.27　指令语句表

2.5.3　状态转移图

状态转移图如图 2.28 所示。它是一种介于其他编程语言之间的图形语言，用来编制顺序控制程序。它提供了一种组织程序的图形方法，在状态转移图中可以用别的语言嵌套编程。步、转换和动作是状态转移图中的 3 种主要元素。状态转移图主要用来描述开关量顺序控制系统，根据它可以很容易地编写出顺序控制梯形图程序。

S0
初始状态
转换条件1
S20
执行第一工序
转换条件2
S21
执行第二工序
转换条件3
S22
执行第三工序
转换条件4

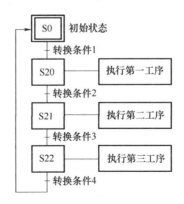

图 2.28　状态转移图

第3章

编程软件的安装与使用

PLC 是一种工业计算机，不能只有硬件，还必须有软件程序，PLC 的程序分为系统程序和用户程序，系统程序已经固化在 PLC 内部，而用户程序要用编程软件输入。编程软件是编写、调试用户程序不可或缺的软件。

3.1 编程软件的安装

FX3U PLC 的用户程序编程软件是 GX Works2，FX5U PLC 用户程序的编程软件是 GX Works3。GX Works2 是三菱电机公司新一代 PLC 的软件，是基于 Windows 运行的，用于进行设计、调试、维护的编程软件。与传统的 GX Developer 相比，提高了功能及操作性能，变得更加容易使用。三菱 GX Works2 软件具有简单工程和结构化工程两种编程方式，支持梯形图、指令语句表、SFC、ST 及结构化梯形图等编程语言，可以实现编程、参数设定、网络设定、程序监控、调试及在线修改和智能功能模块设置等功能，适用于 Q、QnU、L、FX 等系列 PLC，并且兼容 GX Developer 软件，支持三菱电机工控产品 iQPlatform 综合管理软件 iQ Works，具有系统标签功能，可实现 PLC 数据与 HMI、运动控制器的共享。

3.1.1 GX Works2 的安装步骤

1. GX Works2 编程软件对计算机的硬件要求

至少需要 512MB 的运行内存，以及空余的 300MB 的硬盘空间。计算机中必须安装有 NET Frameworks 3.5，计算机自带的 NET Frameworks 3.5 打开位置在控制面板→程序→启用或关闭 Windows 功能中勾选，然后进行 Windows 下载安装。如果已经安装了 NET3.5 就可以直接安装，如图 3.1 所示。

扫一扫看视频

2. 安装方法

首先在三菱公司官网下载好 GX Works2 编程软件，并进行解压。安装软件之前，最好先关闭杀毒软件。解压完成后，双击打开 GX Works2 文件夹，然后打开 Disk1 文件夹，双击运行 setup. exe 文件进行安装，如图 3.2 所示。

双击 setup 后，会出现安装软件前的提示信息，关闭其他程序和欢迎使用的窗口等，根据相应的提示完成对应的工作，如图 3.3 所示。

在进行下一步时，我们需要提供姓名（如工控老鸟）和公司名称（如程控教育），这些信息可以自己随便填写，并没有什么要求。但是产品 ID（P），可以在网上去查询，也可以填写 570-986818410，如图 3.4 所示。

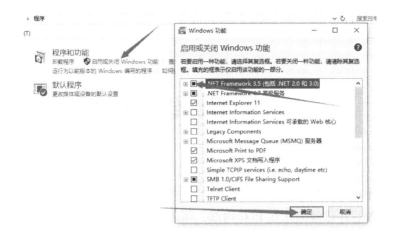

图 3.1　启用 NET 3.5

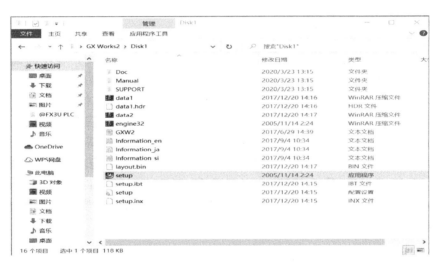

图 3.2　软件安装步骤一

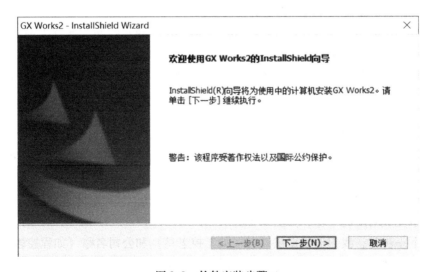

图 3.3　软件安装步骤二

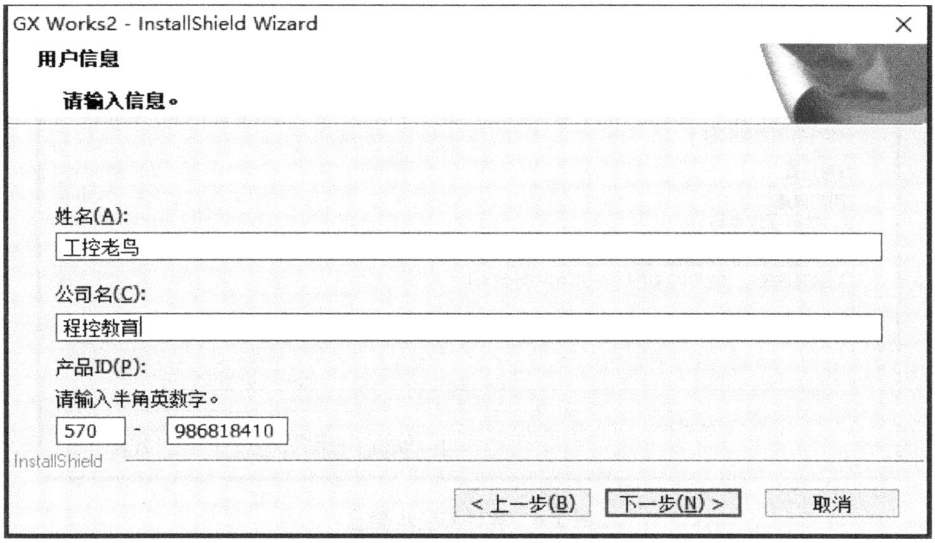

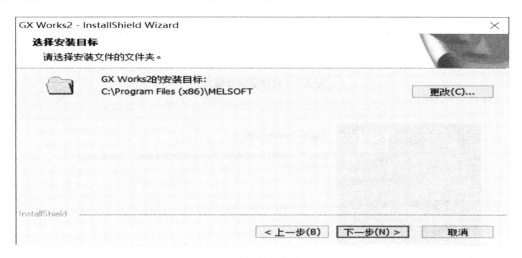

图 3.4　软件安装步骤三

　　输入完姓名、公司名、产品 ID 后，单击"下一步"按钮，这时需要选择安装编程软件的路径，默认安装在 C：\Program Files（x86）\MELSOFT 路径下，也可以根据自己的需要安装在其他位置，单击"下一步"按钮，如图 3.5 所示。

图 3.5　软件安装步骤四

　　在进行下一步的安装时，请确认其安装位置，其他只需要按照提示进行下一步操作即可，如图 3.6 所示。

　　注意，在安装快要结束时，会提示是否需要安装这个设备软件，这时需要始终信任并且选择安装这个驱动程序，如图 3.7 所示。

　　当弹出 GX Works2 已经安装到计算机，单击"完成"按钮以退出安装向导，如图 3.8 所示。此时三菱 GX Works2 软件便已经安装完成。计算机桌面上显示的■图标就是 GX Works2 的编程软件。

图 3.6 软件安装步骤五

图 3.7 软件安装步骤六

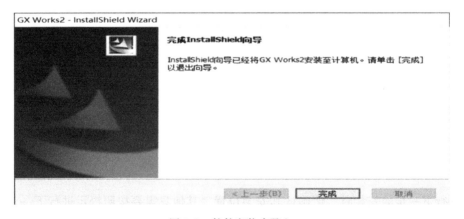

图 3.8 软件安装步骤七

3.1.2 GX Works3 的安装步骤

1. GX Works3 编程软件对计算机的硬件要求

至少需要 512MB 的运行内存，以及空余的 300MB 的硬盘空间。计算机中必须安装有
NET Frameworks 3.5，计算机自带的 NET Frameworks 3.5 打开位置在控制面板→程序→启用

或关闭 Windows 功能中勾选，然后进行 Windows 下载安装。如果已经安装了 NET3.5 就可以直接安装。如图 3.9 所示。

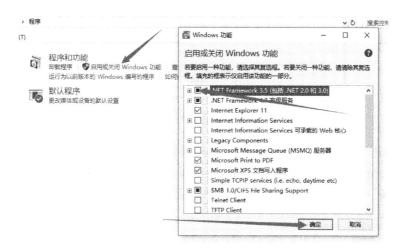

图 3.9　启用 NET 3.5

2. 安装方法

首先在三菱公司官网下载好 GX Works3 编程软件，并进行解压。安装软件之前，最好先关闭杀毒软件。解压完成后，双击打开 GX Works3 文件夹，然后打开 Disk1 文件夹，双击运行 setup. exe 文件进行安装，如图 3.10 所示。

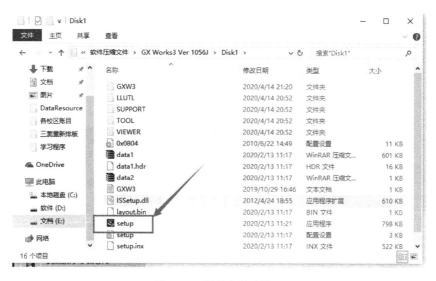

图 3.10　软件安装步骤一

双击 setup 后，弹出一个对话框，如图 3.11 所示，单击"确定"按钮。再弹出一个欢迎安装 GX Works3 的页面，直接单击"下一步"按钮。

在进行下一步时，需要提供姓名和公司名称，这些信息可以自己随便填写，并没有什么要求。但是对产品 ID（P），可以在网上去查询，也可以填写 570-986818410（见图 3.12）。信息填完之后，单击"下一步"按钮。选择安装的软件以及安装位置（见图 3.13 ~

图 3.11 软件安装步骤二

图 3.15），再单击"下一步"，然后软件会自动安装，过程会持续十几分钟（见图 3.16），如果等待时间太长，可能就有问题了，要退出重新安装。直到再弹出一个对话框提示是否安装，单击"安装"按钮，安装完成之后，提示重新启动计算机，单击"完成"按钮即可。

图 3.12 软件安装步骤三

图 3.13 软件安装步骤四

图 3.14　软件安装步骤五

图 3.15　软件安装步骤六

图 3.16　软件安装步骤七

3.2 GX Works2 的使用

3.2.1 创建新项目

双击计算机上的GX Works2 图标，打开三菱编程软件工作界面，用工具栏中的快捷键创建新项目，这里需要提供 PLC 的系列（Q 系列、L 系列、FX 系列、CNC）、机型（以 FX 系列为主，包括 FX0、FX0S、FX1S、FX1N、FX2N、FX2S、FX3S、FX3G 等机型）、工程类型（简单工程、结构化工程）和程序语言（梯形图、SFC、ST）等信息。根据相应的 PLC 选择相关信息，选择完成后单击"确定"按钮进入编程界面，如图 3.17 所示。

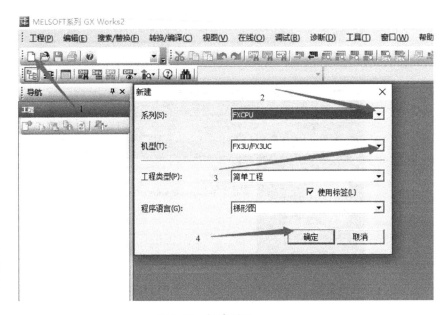

图 3.17　新建项目

扫一扫看视频

1）在工程菜单（见图 3.18），可以进行新建、打开、关闭、保存、另存为项目等操作。新建项目是在开始第一个项目时要进行的操作，然后再进行编写程序。打开也就是打开历史项目，也就是之前编写好的程序。保存和另存为是将编写好的程序或者未完成的程序存储到指定的位置进行保存，方便下一次修改与查看。

PLC 类型更改，比如之前选择的是 3G 的，需要改成 3U 的，就可从这里修改。

打开其他格式数据就是打开老版本的软件编写的程序。

2）编辑菜单包括常用的剪切、粘贴、复制、撤销等操作。

3）搜索替换菜单可以进行软件的搜索与替换。

4）转换编译菜单就是将编写的程序进行检查，没有错误之后写入到 PLC 中。

5）调试是将软元件里面的数据进行读写和控制 PLC 的运行状态。

3.2.2 输入方法

要编译程序，必须先输入程序，程序的输入方法有 4 种，下面分别介绍。

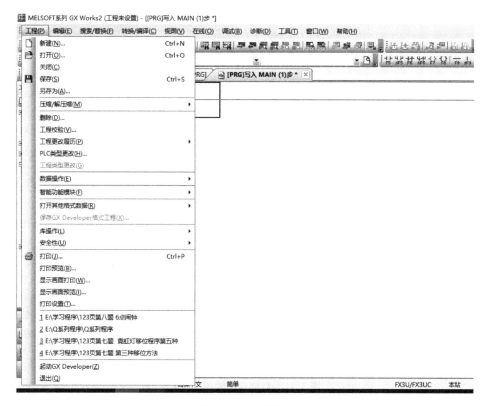

图 3.18　工程菜单

1. 直接从工具栏输入

在工程栏空白处单击鼠标右键将程序图打勾，软元件工具栏就会出现在工程栏下方。

在软元件工具栏中选择要输入的元件，假设要输入"常开触点 X0"，则单击梯形图工具栏中的 按钮（见图 3.19），弹出"梯形图输入"对话框，输入"X0"，单击"确定"按钮，常开触点便出现在相应的位置，不过此时触点为灰色状态（见图 3.20）。

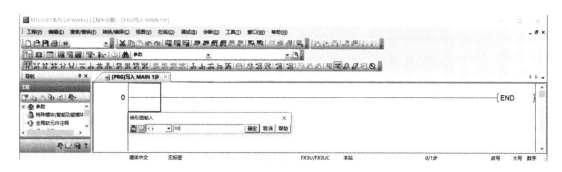

图 3.19　工具栏梯形图输入（一）

2. 直接双击输入

在梯形图第 0 段程序也就是开始第一段程序的空白处双击鼠标左键，在"梯形图输入"对话框的第一个空白框选择线圈，之后在"梯形图输入"对话框中输入 Y0（见图 3.21），单击"确定"按钮，一个输出线圈"Y0"输入完成（见图 3.22）。

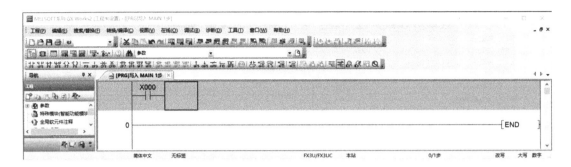

图 3.20　工具栏梯形图输入（二）

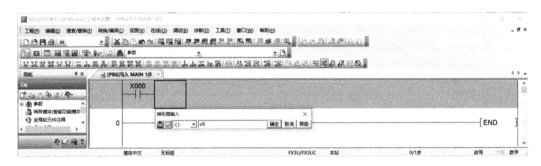

图 3.21　直接双击输入（一）

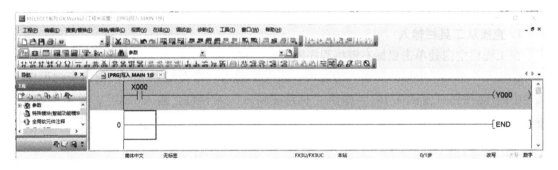

图 3.22　直接双击输入（二）

3. 用键盘上的功能键输入

用功能键输入是比较快的输入方式，但不适合初学者，一般被比较熟练的编程者使用。单击计算机键盘上的功能键 F5 和单击按钮 的作用是一致的，都会弹出常开触点的梯形图对话框。其中 sF5、cF9、aF7、caF10 中的 s、c、a、ca 分别表示按下键盘上的 Shift、Ctr、Alt、Ctr+Alt 键。caF10 的含义是同时按下键盘上的 Ctr、Alt 和 F10，就是运算结果取反。

4. 指令直接输入

只要在要输入的空白处输入"AND/LD X2"（指令语句表），注意，LD 和 X2 中间要加空格，则自动弹出梯形图对话框，单击"确定"按钮即可，如图 3.23 所示。指令直接输入方式是很快捷的输入方式，适合对指令语句表比较熟悉的用户。

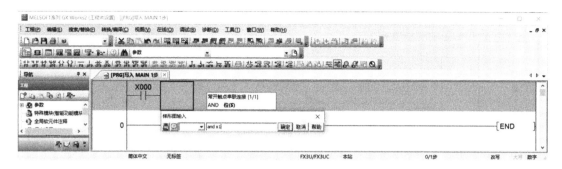

图 3.23　指令直接输入

3.2.3　添加注释

一个程序，特别是比较长的程序，要想很容易地被别人读懂，做好注释是很重要的。注释编辑的实现方法是：单击"编辑"→"文档创建"→"软元件注释编辑"，或者单击菜单栏里的符号 ，单击之后的梯形图的间距加大，然后双击想要添加注释的软元件，将弹出对话框，就可以输出注释文字，输入结束后单击"确定"按钮即可，如图 3.24 所示。可以看出 X000 的下方有"启动"字样，其他软元件的注释方法相似。添加注释有三种，第一种是软元件注释，是给每一个软元件添加注释用的。以上操作即属于这一种。

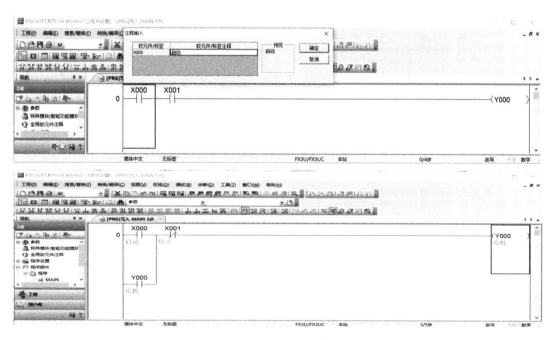

图 3.24　软元件添加注释

第二种是声明注释，是给每一段程序添加注释用的。具体步骤为，先单击菜单栏的声明编辑按钮，再双击 0 步，在弹出的对话框输入要注释的内容，单击"确定"按钮，即可完成，如图 3.25 所示。每一段都按相同步骤操作即可。

第三种是注解编辑，是给线圈做注释用的。具体步骤为，先单击菜单栏的注解编辑按

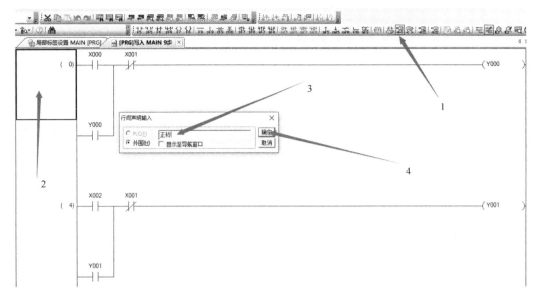

图 3.25　声明注释编辑

钮，再双击输出线圈，在弹出的对话框输入要注解的内容，单击"确定"按钮，即可完成注解编辑，如图 3.26 所示。

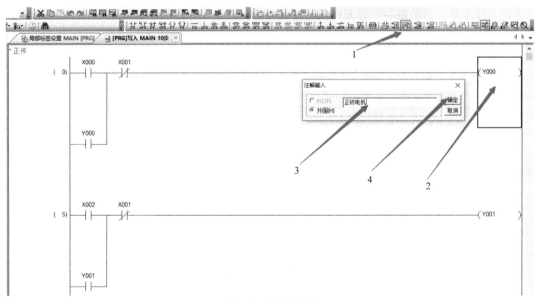

图 3-26　注解编辑

扫一扫看视频

　　如果不想要注释，那就单击视图菜单，分别将注释显示（Ctr+F5）、声明显示（Ctr+F7）、注解显示（Ctr+F8）前面的对号取消，就不会在程序中显示了，如图 3-27 所示。

3.2.4　端口查询

　　在程序编写完成后，将其下载到 PLC。下载至 PLC 之前首先要将 PLC 与计算机进行通

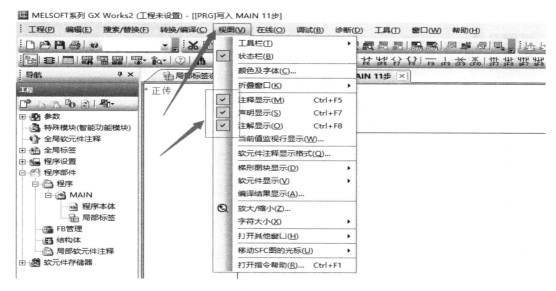

图 3.27 取消注释

信连接，只有通信连接匹配完成，才能进行读取、写入、监控、修改数据寄存器的数据。将 PLC 用编程线与计算机连接起来，用鼠标右键单击"我的电脑"，单击"管理"进入"计算机管理"窗口。在设备管理器中单击"端口"（如果连接上计算机，且显示驱动为感叹号，那么直接联网进行查找驱动即可），如图 3.28 所示，连接的端口为"USB-SERIAL CH340（COM3）"。

图 3.28 COM 端口查询

　　找到端口以后，返回到软件中，找到导航栏下面的连接目标，双击"当前连接目标"，会出现计算机侧 I/F 中 Serial USB 的端口（COM 端口），默认状态下为 COM1 端口。

　　双击图 3.29 中的 Serial USB 图标，在弹出的对话框中单击 COM 端口，选择 COM3，单击"确定"按钮。

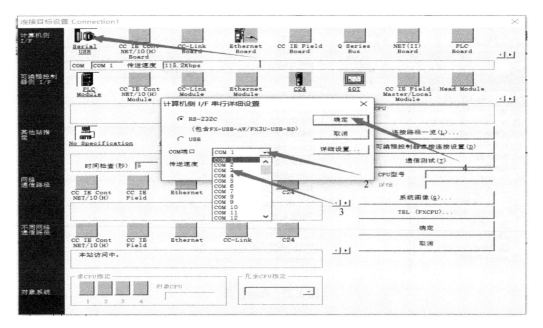

图 3.29　COM 端口更改

　　然后单击"通信测试"按钮，显示通信成功后再单击"确定"按钮，再单击"确定"按钮保存，这个地方千万要记住，不能直接单击右上角的"关闭"按钮，如果单击了就证明没有保存，如图 3.30 所示。

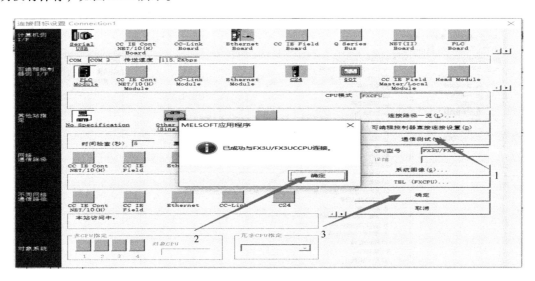

图 3.30　端口更改成功

扫一扫看视频

3.2.5　写入与读取

　　在程序下载到 PLC 之前需要转换，转换的过程也就是程序自检的过程，是把灰色的区域转换成白色的区域，如果程序里有哪一段线没有连接上，程序就会报错，提示进行修改。转换的按钮是　　，也以直接按键盘上的快捷键 F4，有的计算机需要配合使用键盘上的 Fn 键。

（1）PLC 程序写入

PLC 的程序写入是将编写好的程序写入到 PLC 的存储器中。具体方法为，先单击菜单栏红色箭头按钮（PLC 写入），再选择"参数+程序"，最后单击"执行"按钮即可，如图 3.31 所示。

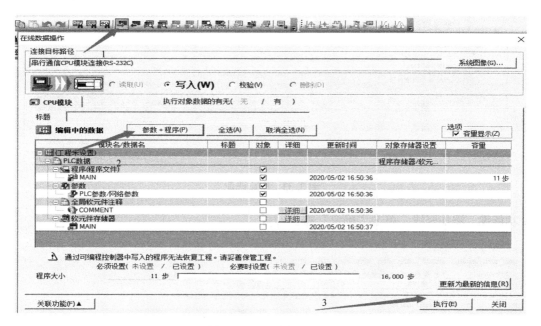

图 3.31　PLC 写入（一）

单击"执行"按钮以后可能会弹出两种对话框，第一种是当 PLC 处在运行时，要下载程序进去，需要将 PLC 停止的，第二种是程序下载完成以后，PLC 是处于停止状态，需要起动 PLC 运行的，如图 3.32 所示。

（2）PLC 程序读取

PLC 程序读取是将 PLC 内部存储器中的程序和数据读取出来，在计算机上进行显示。具体方法为，先单击工具栏上的"在线"下拉菜单中的"PLC 读取"按钮。读取 PLC 的程序方法与写入 PLC 的程序方法一致。在线

图 3.32　PLC 写入（二）

数据操作时，单击"参数+程序"按钮，再单击"执行"按钮即可，如图 3.33 所示。

3.2.6　连线的输入与删除

在编写程序时，各元件之间的连线需要用到直线 F9（水平线功能键）、cF9（用来删除水平线）、sF9（用来输入竖线）、cF10（用来删除竖线）、F10（用来画规则线）、aF9（用于删除规则线）等功能键。下面用一个例子说明连接竖线的方法，如图 3.34 所示。选中

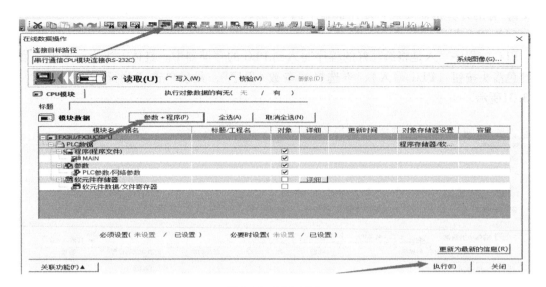

图 3.33　PLC 读取

sF9 功能键，添加竖线，单击"确定"按钮即可。

图 3.34　竖线输入

3.2.7　搜索和替换软元件

（1）软元件的查找

如果一个程序比较长，搜索一个软元件是比较困难的，但使用 GX Works2 软件中的查找功能就很方便了。使用方法是单击"搜索/替换"→"软元件搜索"，弹出"软元件搜索/替换"对话框，在"搜索软元件"方框中输入要查找的软元件（如 X001，见图 3.35），再单击"搜索下一个"按钮，可以看到光标移到要查找的软元件上。单击"全部搜索"按钮，可以看到软元件所在程序的位置。

（2）软元件的替换

如果程序比较长，要将一个软元件替换成另一个软元件，使用 GX Works2 软件中的替换功能就很方便，而且不容易遗漏。操作方法是单击"搜索/替换"→"软元件替换"，弹出"搜索/替换"对话框，在"搜索软元件"方框中输入被替换的软元件（为 X001），在"替换软元件"方框中输入替换目标软元件（为 X002），单击"替换"按钮一次，则程序中的软元件"X001"被新的软元件"X002"替换一个。如果要把所有的软元件"X001"用新的软元件"X002"替换，则单击"全部替换"按钮即可，如图 3.36 所示。

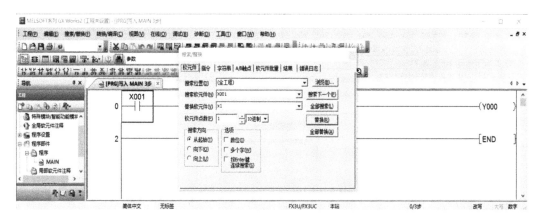

图 3.35　查找软元件

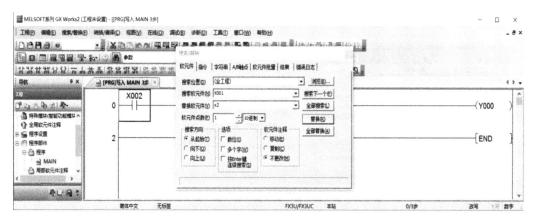

图 3.36　替换软元件

3.2.8　改变 PLC 类型

在编写程序之前，首先要选择 PLC 的类型，然后进入工程后再编写 PLC 程序。如果一开始就没有选对 PLC 的类型，只需要更改 PLC 的类型即可。注意在更改 PLC 的类型时，程序内部结构会发生变化。具体操作步骤为单击"工程"→"PLC 类型更改"，弹出"PLC 类型更改"对话框，如图 3.37 所示。注意这里 PLC 系列不能进行更改，只能更改 PLC 的类型。一旦 PLC 的类型更改以后，COM 端口就会变成 COM1，因此要重新设置 COM 端口。

3.2.9　密码设置

1. 设置密码

为了保护知识产权和设备的安全运行，设置密码是很有必要的。密码有 16 位和 8 位两种。具体操作方法是单击"在线"→"口令/关键字"→"登录/改变"，弹出"新建关键字登录"对话框，如图 3.38 所示。在"关键字"方框中输入 8 位或者是 16 位密码，单击"执行"按钮，弹出"关键字确认"对话框，单击"确认"按钮，密码设置完成。需要注意的是，设置密码前需要使 PLC 处于 STOP 状态。

扫一扫看视频

图 3.37　PLC 类型更改

图 3.38　设置密码

2. 取消密码

如果对 PLC 的程序已经进行了加密，要查看和修改程序，首先要取消密码，取消密码的方法是单击"在线"→"口令/关键字"→"取消"，弹出"关键字取消"对话框，如图 3.39 所示，在"关键字"方框中输入 8 位或者是 16 位密码，单击"执行"按钮，弹出"关键字确认"对话框，在关键字中输入 8 位密码，单击"执行"按钮，密码取消完成。

3.2.10　内存清除

图 3.40 所示是将所选择 CPU 模块的内部存储器、数据软元件和位软元件进行清零归位删除。PLC 的内部错误、程序错误都可以进行内存清除，但是在内存清除时，内部的程序和程序的密码也将被清除。这一点在内存清除时要注意。具体单击"在线"→"PLC 存储器操作"→"PLC 存储器清除"，再单击"执行"按钮，然后单击"是"按钮，在弹出来的对话框单击"完成"按钮，最后单击"关闭"按钮。

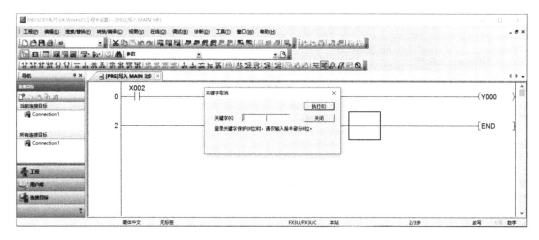

图 3.39　取消密码

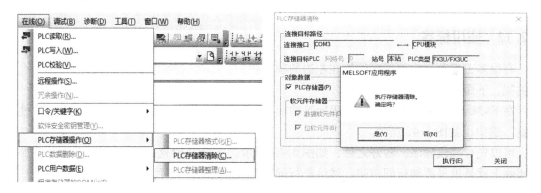

图 3.40　内存清除

3.2.11　程序模拟仿真

三菱为 PLC 设计了一款可选仿真软件程序 GX-Simulator2，此仿真软件可以在计算机中模拟可编程控制器运行和测试程序，但它不能脱离 GX Works2 独立运行。在安装 GX Works2 时已经安装该仿真软件，工具栏中的"仿真开关"按钮 是亮色的，只有"仿真开关"按钮是亮色时才可以用于仿真。GX-Simulator2 提供了简单的用户界面，用于监视和修改程序中使用的各种参数（如开关量输入和开关量输出）。当程序由 GX-Simulator2 处理时，也可以在 GX Works2 软件中使用各种软件功能，如使用变量表监视、修改变量和断点测试功能。具体操作方法为，单击"调试"→"模拟开始/停止"，在确定执行后，将程序下载到 PLC。执行完成，就进入程序的监控状态，如图 3.41 所示。

模拟写入以后，程序自动变成监视模式。假如要想在模拟中接通 X002，先按下 Shift 键，然后再按回车键，按一下代表按下去，再按一下代表松开。如果想退出模拟程序或修改程序，再次单击 按钮，就可以了，程序写完后，如需再次模拟，重复以上步骤就可以了。

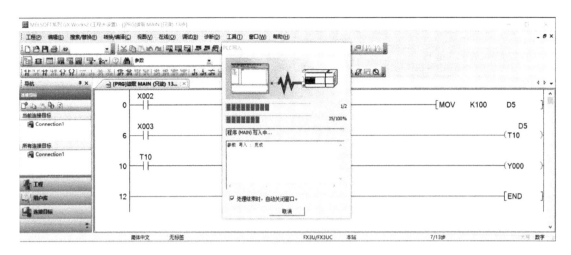

图 3.41　软件仿真

3.2.12　使用标签

有很多工程师喜欢把程序段放在左边的项目树中，那么这种类似程序块的标签是怎么做到的呢，下面就详细地讲解一下。

在 FX3U PLC 中，如果想要使用标签功能，需要先启用。在新建程序时，需要把"使用标签"选中，如图 3.42 所示。

可以先写一段程序，写好之后，如图 3.43 所示，下面来给这段程序添加标签，添加标签实际上就是批量添加行间声明，然后把行间声明放在左边的项目树中。

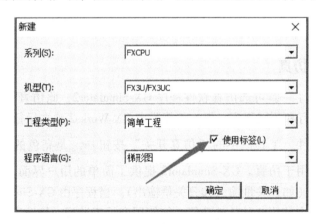

图 3.42　使用标签

单击菜单栏上的 按钮，它有声明和注解批量编辑功能；给每一个步号命名；选中 0 步，按住鼠标左键不放，往下拉，全选这些命名；单击选择"显示至导航窗口"，然后单击"确定"按钮。此时添加的程序声明就已经添加到左边的导航窗口了，如图 3.44 所示。

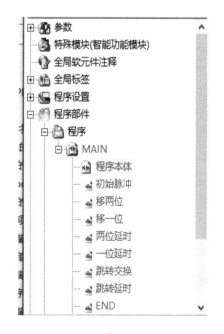

图 3.43　样板程序

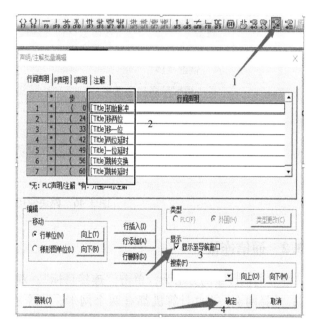

图 3.44　左边为导航窗口显示，右边为添加步骤

3.3　GX Works3 的使用

3.3.1　创建新项目

双击计算机上的 GX Works3 图标，打开编程软件工作界面，单击工具栏中的"创建"

按钮，选择 PLC 系列，选择 PLC 型号，程序语言选择梯形图，单击"确定"按钮，如图 3.45 所示。在弹出的对话框中也单击"确定"按钮，如图 3.46 所示，即完成新建项目。

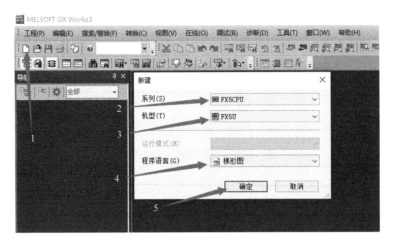

图 3.45 新建项目

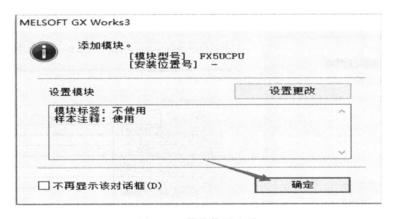

图 3.46 模块使用选项

3.3.2 通信连接

建立通信连接的方法为，单击"连接目标"；双击"当前连接目标"或者"全部连接目标"；选择网卡，有些计算机都有两个网卡，一个有线的，一个无线的，这里要选择有线的；单击"通信测试"按钮，显示通信成功即可，如果不成功，那就换一个选项，或者换一条网线；最后单击"确定"按钮，如图 3.47 所示。

3.3.3 程序编写

GX Works3 的程序输入和 GX Works2 没有太大的区别，工具栏和菜单栏都是一样的，区别不大，这里就不做过多介绍了，GX Works2 怎么输入，GX Works3 就怎么输入。

3.3.4 程序写入

程序写入方法为：单击工具栏的红色向右箭头 PLC 写入按钮；选择"参数+程序"；单

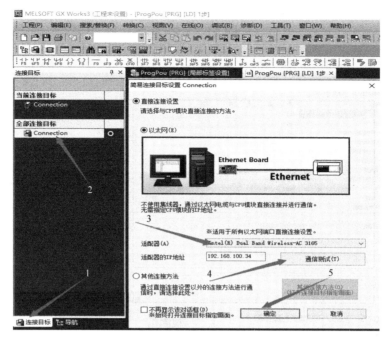

图 3.47　通信连接

击"执行"按钮；提示执行远程 STOP，询问是否执行写入，单击"是"按钮；提示以下文件存在，是否覆盖，单击"是"按钮；提示是否需要复位 PLC，单击"确定"按钮；显示已完成，单击"确定"按钮；关闭对话框。如图 3.48 所示。

3.3.5　添加注释

GX Works3 添加注释的方式和 GX Works2 一模一样，使用标签也是，这里不再讲解。

3.3.6　添加口令

GX Works3 的添加口令和 GX Works2 就有一些区别，GX Works3 添加口令如图 3.49 所示，单击"工程"→"安全性"→"文件口令设置"。

单击"文件口令设置"以后出现如图 3.50 所示的对话框，在这里可以看到，设置口令对象的数据有两个：一个是 CPU 内置存储器数据，一个是 SD 存储卡。可以添加口令的数据名称有通用软元件注释、参数、程序文件、全局标签、模块参数和系统参数等，可以为这些文件分别加密，并且口令都可以设置为不同。下面就以程序文件为例，说明一下添加口令的步骤。

在如图 3.50 所示的对话框中，选择"CPU 内置存储器"，再选择"程序文件"，然后单击"登录"按钮。在弹出的如图 3.51 左图所示对话框里面做如下选择，在"对象口令"一栏有三种选项，根据需要选取，这里选取的是"读取禁止/写入禁止"；顺便把下面的"读取禁止和写入禁止使用相同的密码"勾选上；先输入第一遍口令，再输入第二遍口令，口令可以是数字，也可以是字母等组合，口令设置好了之后，单击"完成"按钮。看到读取和写入都已认证之后，单击"设置"按钮，显示口令设置成功，如图 3.51 右图所示。

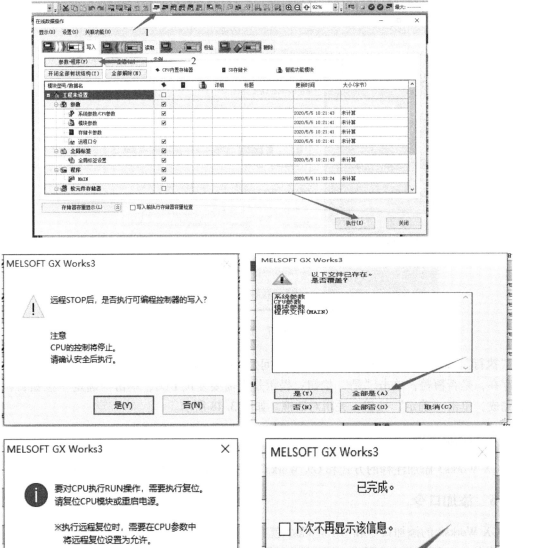

图 3.48　PLC 程序写入步骤

口令设置成功后，如果再进行读取和写入就需要输入口令了，如图 3.52 所示，单击"认证"按钮，输入口令，单击"完成"按钮，显示口令认证成功。

删除口令的步骤如图 3.53 所示。在如图 3.50 所示对话框中单击"删除"按钮，选取"读取禁止和写入禁止"，输入口令，单击"下一步"按钮，再次输入口令，单击"确定"按钮，最后单击"确定"按钮，这里要注意，删除口令时需要 PLC 处于 STOP 状态。这里的口令分两次删除，一次是删除读取的，第二次删除的是写入的。

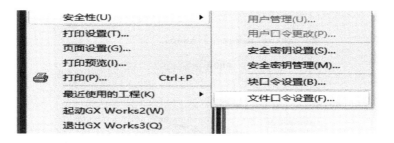

图 3.49　添加口令

图 3.50　"文件口令设置"对话框

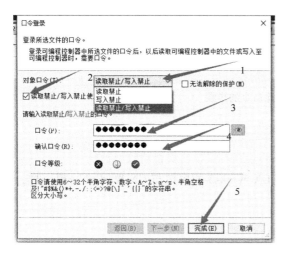

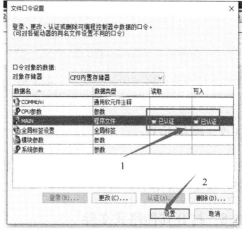

图 3.51　添加口令步骤

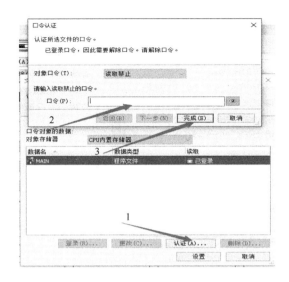

图 3.52 口令认证

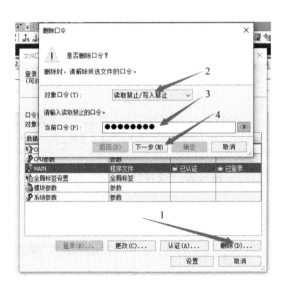

图 3.53 删除口令的步骤

3.3.7 模拟仿真

模拟仿真在每个软件里都是必不可少的，GX Works3 的模拟与 GX Works2 一模一样，这里就不做重复介绍了。

3.3.8 打开其他格式文件

GX Works3 不仅可以打开用 GX Works3 编写的程序，还向前兼容，比如可以打开 GX Works2、GX DP、PXDP 等格式文件。具体步骤如下，单击"工程"，打开其他格式文件，选取"Works2"，查找文件所在位置，单击"打开"。

打开的文件存在左边的项目树里，依次双击扫描，单击"MAIN"，双击"程序本体"，就可以查看转换后的程序了，如图 3.54 所示。FX5U PLC 会把 GX Works2 里面的特殊辅助继电器全部转换成 SM…，比如会把 M8000 换成 SM8000。另外还会把 FX5U 不支持的指令，全部替换成 SM4095 或者是 SD4095。

图 3.54　打开其他格式文件

3.4　PLC 内部软元件

PLC 在软件设计中需要各种各样的逻辑器件和运算器件，称为编程元件。编程元件用来完成程序所赋予的逻辑运算、算术运算、定时、计数等功能。这些器件的工作方式和使用概念与硬件继电器类似，具有线圈和常开、常闭触点。为便于区别，称 PLC 的编程元件为软元件。从编程者的角度看，可以不管这些器件的物理实现，只需注重其功能，像在继电器-接触器电路中一样使用。每种软元件根据其功能分配一个名称并用相应的字母表示，如输入继电器 X、输出继电器 Y、定时器 T、计数器 C、辅助继电器 M、状态继电器 S、数据寄存器 D 等（见图 3.55）。当有多个同类软元件时，在字母的后面加以数字编号，该数字也是软元件的存储地址。其中输入继电器和输出继电器用八进制数字编号，其他元件均采用十进制数字编号。

3.4.1　输入继电器（X）

输入继电器与输入端子相连，是专门用来接收 PLC 外部开关信号的软元件。PLC 通过将外围输入设备的状态（接通或断开状态）转换成输入接口等效电路中输入继电器的线圈的通电、断电状态（接通时为"1"状态，断开时为"0"状态，这个过程也称为外围设备状态读入）并存储在输入映像寄存器中。如图 3.56 的左半部所示为输入继电器 X000 的等效电路。输入继电器线圈由外部输入信号所驱动，只有当外部信号接通时，对应的输入继电器才得电，不能用指令来驱动，所以在程序中只能用其触点（即该输入继电器的专用数据存储区——输入映像寄存器的状态），而不可用其线圈。由于输入继电器（X）为输入映像寄存器的状态，所以其触点的使用次数不限。另外输入继电器的触点只能用于内部编程，无

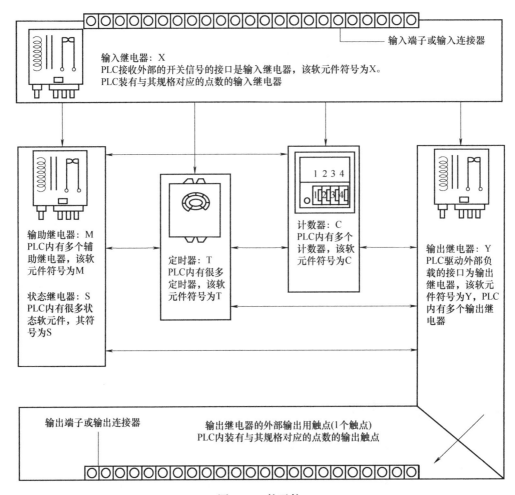

图 3.55　软元件

法驱动外部负载。

　　FX 系列 PLC 的输入继电器以八进制数字进行编号。需要注意的是，基本单元输入继电器的编号是固定的，扩展单元和扩展模块是按离基本单元最近的数开始编号。例如，基本单元 FX3U-64MT 的输入继电器编号为 X000~X037（32 点），如果接有扩展单元或扩展模块，则扩展的输入继电器从 X040 开始编号。

3.4.2　输出继电器（Y）

　　输出继电器用来将 PLC 内部程序运算结果输出给外部负载（用户输出设备）。输出继电器线圈由 PLC 内部程序的指令驱动，其线圈状态传送给输出单元，再由输出单元对应的硬触点来驱动外部负载。图 3.56 右半部所示为输出继电器 Y000 的等效电路。

　　每个输出继电器在输出单元中都对应有唯一一个常开硬触点，其硬触点可以是继电器触点、晶闸管触点、晶体管等输出元器件。但在程序中供编程的输出继电器，不论是常开还是常闭触点，都可以无数次使用。

　　FX3U 编号范围为 Y000~Y367（248 点）。与输入继电器一样，输出继电器基本单元的编号也是固定的，扩展单元和扩展模块的编号也是按与基本单元最靠近的数开始进行编号。

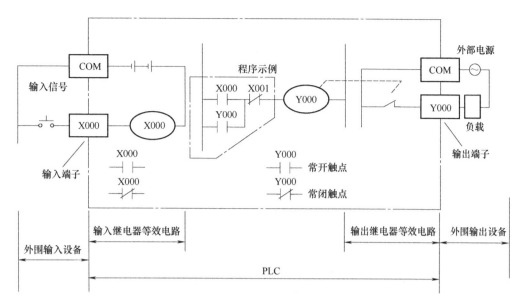

图 3.56　输入输出等效图

3.4.3　辅助继电器（M）

一般的辅助继电器与继电器控制系统中的中间继电器相似。辅助继电器不能直接驱动外部负载。辅助继电器采用 M 与十进制数字共同组成进行编号（只有 X/Y 继电器采用八进制数字）。

扫一扫看视频

1. 通用辅助继电器（M0~M499）

FX3U PLC 共有 500 个通用辅助继电器。通用辅助继电器在 PLC 运行时，如果电源突然断电，则全部线圈均为 OFF。当电源再次接通时，除了因外部输入信号而变为 ON 的以外，其余的仍将保持 OFF 状态，它们没有断电保持功能。通用辅助继电器常在逻辑运算中作辅助运算、状态暂存、移位等。根据需要可通过程序设定，将 M0~M499 变为断电保持辅助继电器。如图 3.57 所示为通用辅助继电器的使用。

图 3.57　通用辅助继电器的使用

当 X000 接通以后，M0 会自锁，保持常通，Y000 也会常通，现在把电源断开，2s 后，再通电，M0 就不会接通了，除非再次接通 X000，这就证明了 M0 是没有断电保持功能的辅助继电器。

2. 断电保持辅助继电器（M500~M7679）

FX3U PLC 有 M500~M7679，共 7180 个断电保持辅助继电器。它们与普通辅助继电器不同的是其具有断电保持功能，即能记忆电源中断瞬时的状态，并在重新通电后再现其状态。它之所以能在电源断电时保持其原有的状态，是因为电源中断时用 PLC 中的锂电池保持其映像寄存器中的内容。其中 M500~M1023 共 524 个为可由软元件将其设定为保持（通用）辅助继电器，则 M1024~M7679 共 6656 个为保持（固定）辅助继电器。图 3.58 所示为断电保持辅助继电器的使用。

图 3.58　断电保持辅助继电器的使用

图 3.58 中，当 X000 接通时，M500 自锁保持常通，此时把电源断开，2s 后再通电，M500 依然保持常通，此时就证明 M500 是具有断电保持功能的辅助继电器。

扫一扫看视频

3. 特殊辅助继电器

PLC 内有大量的特殊辅助继电器，它们都有各自的特殊功能。FX3U PLC 中有 512 个特殊辅助继电器，可分成触点型和线圈型两大类。

触点型特殊辅助继电器的触点为只读型，用户可读取该触点来监视 PLC 的运行或获取时钟。例如：

M8000 是运行监视器（在 PLC 运行中接通）。

M8002 产生初始脉冲（仅在 PLC 从 STOP 到 RUN 时，瞬时接通一个扫描周期）。

M8011、M8012、M8013 和 M8014 分别是产生 10ms、100ms、1s 和 1min 时钟脉冲的特殊辅助继电器。

以上都是属于自动脉冲，不受 PLC 的扫描周期影响，例如 M8013，它的周期是以 ON0.5s，OFF0.5s 为一个周期的。其他的也都是如此，如图 3.59 所示。

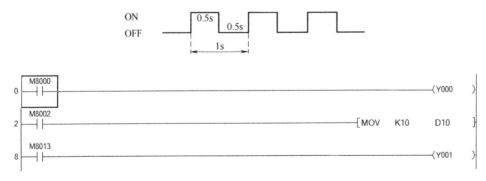

图 3.59　自动脉冲时序图（M8013）和梯形图

图 3.59 中，M8000 为常开触点，当 PLC 从 STOP 到 RUN 起，Y000 一直输出，直到 PLC STOP。M8002 产生初始脉冲，PLC 从 STOP 到 RUN 第一个扫描周期，把 K10 传送到 D10 中，M8013 产生 1s 的时钟脉冲，Y001 以通 0.5s，断 0.5s 为周期交替闪烁。

线圈型特殊辅助继电器由用户程序驱动线圈后 PLC 执行特定的动作。例如：

M8033——若使其线圈得电，则 PLC 停止时保持输出映像存储器和数据寄存器的内容。

M8034——若使其线圈得电，则将 PLC 的输出全部禁止。

M8039——若使其线圈得电，则 PLC 按 D8039 中指定的扫描时间工作。

线圈型特殊辅助继电器使用方法如图 3.60 所示。

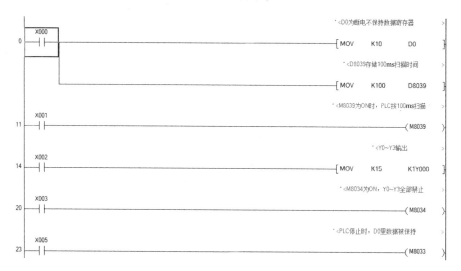

图 3.60　线圈型辅助继电器

图 3.60 中，当 X000 接通，把 K10 传到 D0 中，把 K100 传到 D8039 中。把 X001 接通，PLC 扫描周期立刻变成 100ms。X002 接通后把 K15 传送到 K1Y000，此时，Y0~Y3 全部输出。此时把 X003 接通，M8034 为 ON，Y0~Y3 输出全部停止，断开后，Y0~Y3 恢复。把 X005 接通，M8033 为 ON，把 PLC 设置为 STOP 状态，数据寄存器 D0 里面的数据不会被清零。

3.4.4　状态继电器（S）

状态继电器（S）是对工序步进型控制进行编程的重要软元件，与步进指令 STL 组合使用。S 不用于步进指令时，也可作为一般的触点用作联锁，与辅助继电器 M 一样，利用来自外围设备的参数设定，可改变普通型与断电保持型状态的地址分配。其一共有 S0~S4095，共计 4096 个状态继电器。有断电保持功能的有 S500~S999。

配合 STL 指令使用时，功能如下：

1. 初始状态继电器（S0~S9）

初始状态即为步进指令开始时的状态，存储初始状态的状态继电器称为初始状态继电器。在并行分支中最多可以有 10 个初始状态被同时选中。S10~S19 是配合 IST 指令使用的，这里不用。

2. 普通型（S20~S499）/**断电保持型状态继电器**（S500~S899）

3. 信号报警器型状态继电器（S900~S999）

3.4.5　定时器（T）

定时器又称计时器，用于时间控制。根据设定时间值与当前时间值的比较，使定时器触点动作，也可以将当前时间值作为数值读取用于控制。不使用的定时器，可用作数据寄存器。定时器对 PLC 内部的 1ms、10ms 和 100ms 等时钟进行计数，并将计数值存储于当前时间值寄存器中，在当前时间值寄存器中的数值等于或大于时间设定值寄存器中的设定值时，该定时器触点动作。

1. 通用定时器（见表3.1）

表3.1 通用定时器

时钟脉冲/ms	定时器编号	取值范围	定时时间
100	T0~T199（200点）		0.1~3276.7s
10	T200~T245（46点）	1~32767	0.01~327.67s
1	T256~T511（256点）		0.001~32.767s

其中100ms的T192~T199为子程序指定定时器。

通用定时器的启用和复位都是由驱动信号决定的，当驱动信号接通时，定时器被启动，当驱动信号断开时，定时器立即复位。在定时器未达到设定值时，定时器即被复位，则本次定时无效，定时器的值被清零；当计时时间达到设定值时，当前值不再变化，相应定时器触点发生动作。

扫一扫看视频

【例3.1】　如图3.61所示的梯形图，Y000控制一盏灯，当输入X000接通时，请分析：灯的明暗状况。若当输入X000接通5s后，输入X000突然断开，接着又接通，灯的明暗状况又如何？

【解】　当输入X000接通后，T0线圈上电，延时开始，此时灯并不亮，10s（100×0.1s＝10s）后T0的常开触点闭合，灯亮。当输入X000接通5s后，输入X000突然断开，接着再接通10s后灯亮。

图3.61 通用定时器应用

2. 累积型定时器（见表3.2）

累积型定时器具有计数累积的功能。在定时过程中如果断电或定时器线圈OFF，累积型定时器将保持当前的计数值（当前值），通电或定时器线圈ON后继续在上一次计数值的基础上进行累积，即其具有保持功能，只有将累积型定时器复位，当前值才为0。

表3.2 累积型定时器

时钟脉冲/ms	定时器编号	取值范围	定时时间/s
1	T246~T249（4点）	1~32767	0.001~32.767
100	T250~T255（6点）		0.1~3276.7

【关键点】初学者经常会提出这样的问题：定时器如何接线？PLC中的定时器是不需要接线的，这点不同于硬件系统中的时间继电器。

【例3.2】　如图3.62所示的梯形图，Y000控制一盏灯，当输入X000接通时，请分析灯的明暗状况。若当输入X000接通5s后，输入X000突然断开，接着又接通，灯的明暗状况又如何？

【解】　当输入 X000 接通后，T250 线圈上电，延时开始，此时灯并不亮，10s（100×0.1s）后 T250 的常开触点闭合，灯亮。

图 3.62　累积型定时器的应用

当输入 X000 接通 5s 后，输入 X000 突然断开，接着再接通 5s 后灯亮。通用定时器和累积型定时器的区分从图 3.61 和图 3.62 很容易看出。

3. 子程序定时器案例

在子程序和中断子程序中，如果用到定时器，可使用 T192~T199 定时器，这种定时器在执行子程序或执行 END 指令的时候进行计时，如果计时达到设定值，也是在执行子程序或是执行 END 指令的时候，输出触点才动作。而一般通用定时器仅在执行子程序时才进行计时，如果不执行子程序则会停止计时。因此，如果子程序执行是有条件的，在子程序中使用非指定的定时器，则会发生计时的误差。另外，在子程序中，使用了 1ms 累积型定时器，则它到达设定值后，在最初调用子程序指令处触点动作。

子程序定时器使用案例如图 3.63 所示。

图 3.63　子程序定时器使用案例

在程序中，如果 X000 接通，同时 X001 和 X002 接通，此时，T0 和 T192 启动计时，如果在计时的过程中，断开 X000，则会发现 T0 停止计时，而 T192 则继续计时，甚至断开 X002，T192 仍然计时，与是否执行调用子程序指令和其驱动条件是否成立均无关。这样就保证了定时器执行时间的准确性。

在子程序中定时器的复位是在执行子程序且其驱动条件断开时进行的，如果不再执行子程序，即使驱动条件断开，也不会进行复位。

4. 定时器案例

1）通电瞬时接通，断电延时断开，如图 3.64 所示。

图 3.64　定时器案例一

扫一扫看视频

当 X001 启动后，M0 驱动，其常闭触点 M0 使定时器 T1 线圈处于断开状态，Y000 一直保持输出驱动。当停止按钮 X002 被按下后，M0 线圈断电，其常闭触点 M0 闭合，定时器 T1 线圈通电开始计时，10s 后，其常闭触点 T1 断开，Y000 和定时器 T1 线圈同时断电，Y000 在 X2 按下后延迟 10s 停止，达到了延时断开的目的。

2）通电延时接通，断电延时断开，如图 3.65 所示。

图 3.65　定时器案例二

扫一扫看视频

程序中，当 X001 接通，Y001 在 5s 后接通，当 X002 接通，Y001 在 3s 后断开。

3）脉冲闪烁电路，如图 3.66 所示。

图 3.66　定时器案例三

脉冲电路一般常用在灯光闪烁报警电路中，X001 接通后，Y001 以通 1s、断 2s 的周期循环接通。

4）单稳态电路，如图 3.67 所示。

扫一扫看视频

```
        X000
  0    ─┤↑├─────────────────────────────────────[SET    Y000 ]

        ────────────────────────────────────────────(M1  )

        M1      T10
  4    ─┤├─────┤/├───────────────────────────────────(M2  )

        M2                                              K50
       ─┤├──────────────────────────────────────────(T10 )

        T10
 11    ─┤├─────────────────────────────────────[RST    Y000 ]
```

图 3.67　定时器案例四

在数字电路中，有一种电路叫作单稳态电路，它的特点是在输入端被触发后，其输出会形成一个单脉冲。假设其脉宽为 5s，那么输入信号 X000 接通的时间无论长于还是短于 5s，均只输出一个脉冲波。甚至在 5s 内，X000 多次抖动输入均只输出一个脉冲。单稳态电路常用在定时计数和定时控制中。如图 3.67 所示，当 X000 的上升沿置位 Y000 的同时 M1 接通一个扫描周期。而 M1 又启动定时器 T10，定时时间到，其常闭触点使定时器 T10 复位，常开触点使 Y000 复位，这样，输出 Y000 的时间就是定时器 T10 的设定值，这期间无论 X000 在 5s 内动作几次都不会影响 Y000 的输出。

3.4.6　计数器（C）

1. 内部计数器

内部计数器是在执行扫描操作时对内部信号（如 X、Y、M、S、T 等）进行计数。内部输入信号的接通和断开时间应比 PLC 的扫描周期稍长。

1）16 位增计数器（C0～C199）共 200 点。其中 C0～C99 不带断电保持功能。C100～C199 带断电保持功能。这类计数器为递加计数，应用前先对其设置设定值，当输入信号（上升沿）的个数累加到设定值时，计数器动作，即其常开触点闭合，常闭触点断开。计数器的设定值为 1～32767（16 位二进制数），设定值除了用常数 K 设定外，还可间接通过指定数据寄存器设定。

通用型 16 位增计数器的工作原理如图 3.68 所示，X000 为复位信号，当 X000 为 ON 时 C10 复位，X001 是计数输入，每当 X001 接通一次计数器当前值增加 1（注意 X000 断开，计数器不会复位）。当计数器计数当前值为设定值 5 时，计数器 C10 的输出触点动作，Y000 被接通。此后即使输入 X001 再接通，计数器的当前值也保持不变。当复位输入 X000 接通时，执行 RST 复位指令，计数器复位，输出触点也复位，Y000 被断开。

扫一扫看视频

2）32 位增减计数器（C200～C234）共有 35 点，其中 C200～C219（共 20 点）为通用型，C220～C234（共 15 点）为断电保持型，这类计数器与 16 位增计数器除位数不同外，它还能通过控制实现加减双向计数，设定值范围均为-2147483648～+2147483647（32 位）。

图 3.68　通用型 16 位增计数器

C200~C234 是增计数还是减计数，分别由特殊辅助继电器 M8200~M8234 设定。对应的特殊辅助继电器被置为 ON 时为减计数，置为 OFF 时为增计数。

32 位计数器的设定值与 16 位计数器一样，可直接用常数 K 或间接用数据寄存器 D 的内容作为设定值，在间接设定时，要用编号紧连在一起的两个数据计数器。

如图 3.69 所示，X010 用来控制 M8200，X010 闭合时为减计数方式。X012 为计数输入，C200 的设定值为 10（可正、可负）。将 C200 置为增计数方式（M8200 为 OFF），当 X012 计数输入累加由 9→10 时，计数器的输出触点动作。当前值大于 10 时计数器仍为 ON 状态。只有当前值由 10→9 时，计数器才变为 OFF。只要当前值小于 9，则输出保持为 OFF 状态。复位输入 X011 接通时，计数器的当前值为 0，输出触点也随之复位。

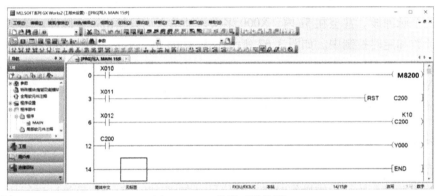

图 3.69　32 位增减计数器

扫一扫看视频

3）计数器案例：单按钮控制起停。

单按钮控制电动机起停是用一个按钮控制电动机的起动和停止。按一下，电动机起动，再按一下，电动机停止，又按一下再起动…如此循环。用 PLC 设计的单按钮控制电动机起停的程序有十几种之多，这里，用两个计数器也可以得到同样的控制功能。

在数字电子技术中，这种控制功能称为双稳态电路，它只有两种状态，并且这两种状态交替出现。后一种状态永远是对前一种状态的否定。单按钮控制起停梯形图如图 3.70 所示。

当 X000 接通一次 C0 和 C1 分别记一个数，同时 Y000 接通。X000 再接通一次，C1 接通，同时把 C0、C1 复位，Y000 断开。

4）循环计数器。

循环计数器的含义是当计数器达到预置设定值后，其触点闭合，给出一个输出控制信号，在下一个扫描周期里，利用本身的触点给计数器复位，计数器又重新开始计数，如此循环，每到设定值便给出一个输出控制信号。梯形图如图 3.71 所示。

扫一扫看视频

```
        X000                                              K1
0       | |┬─────────────────────────────────────────────( C0  )
            |                                              K2
            └─────────────────────────────────────────────( C1  )
        C0
7       | |───────────────────────────────────────────────( Y000 )
        C1
9       | |────────────────────────────────────────[ RST   C0 ]

                                                     [ RST   C1 ]
```

图 3.70　单按钮控制起停

```
        X000                                              K5
0       | |┬─────────────────────────────────────────────( C0  )
        C0  |
4       | |─┴─────────────────────────────────────────────( Y000 )

                                                     [ RST   C0 ]
```

图 3.71　循环计数

程序中 X000 接通 5 次，C0 计数 5 次，当 C0 接通 5 次时接通 Y000，同时复位 C0，Y000 断开，如此循环。

24 小时时钟控制。利用 3 个计数器组成一个标准的 24 小时时钟。梯形图如图 3.72 所示。

```
        M8013                                             K60
0       | |┬─────────────────────────────────────────────( C0  )
        C0  |                                             K60
4       | |┬─────────────────────────────────────────────( C1  )
            |
            └─────────────────────────────────────[ RST   C0 ]
        C1                                                K24
10      | |┬─────────────────────────────────────────────( C2  )
            |
            └─────────────────────────────────────[ RST   C1 ]
        C2
16      | |────────────────────────────────────────[ RST   C2 ]
```

扫一扫看视频

图 3.72　24 小时时钟案例

图 3.72 巧妙地使用了 PLC 内部 1s 时钟脉冲继电器 M8013，程序开始后，由 M8013 对 C0 进行计数，一次 1s，到 60 次，即 60s 后，对 C1 计数（1min 一次），同时复位 C0。同样，对 C2 计数（1h 一次）的同时复位 C1。而到达 24h 时，利用 C2 的常开触点对自己复位，计数又从头开始。

2. 高速计数器（C235~C255）

高速计数器与内部计数器相比除允许输入频率高之外，应用也更为灵活。高速计数器均有断电保持功能，通过参数设定也可变成非断电保持。FX 系列 PLC 有 C235~C255 共 21 个高速计数器。适合用来作为高速计数器输入的 PLC 输入端口有 X000~X007。X000~X007 不能重复使用，即某一个输入端已被某个高速计数器占用，则不能再用于其他高速计数器也不能用作它用。高速计数器可分为 4 类，各高速计数器参照表见表 3.3。

表 3.3　高速计数器参照表

输入 计数器		X000	X001	X002	X003	X004	X005	X006	X007
单相单计数 输入	C235	U/D							
	C236		U/D						
	C237			U/D					
	C238				U/D				
	C239					U/D			
	C240						U/D		
单相单计数 输入（带启动/ 复位端）	C241	U/D	R						
	C242			U/D	R				
	C243					U/D	R		
	C244	U/D	R					S	
	C245			U/D	R				S
单相双计数 输入	C246	U	D						
	C247	U	D	R					
	C248				U	D	R		
	C249	U	D	R				S	
	C250				U	D	R		S
双相双计数 输入	C251	A	B						
	C252	A	B	R					
	C253				A	B	R		
	C254	A	B	R				S	
	C255				A	B	R		S

注：U 为加计数，D 为减计数，R 为复位，S 为启动，A 为 A 相输入，B 为 B 相输入。

1）单相单计数输入高速计数器（C235～C245）。其触点动作与 32 位增减计数器相同，可进行增或减计数（取决于 M8235～M8245 的状态）。

如图 3.73 所示为无启动/复位端单相单计数输入高速计数器的应用。当 X000 断开，M8235 为 OFF，此时 C235 为增计数方式（反为减计数）。由 M8000 选中 C235，从表 3.3 中可知其输入信号来自于 X000，C235 对 X000 号增计数，当前值达到 1000 时，C235 常开触点闭合接通，Y000 得电，X001 为复位信号，当 X001 接通时，C235 复位。

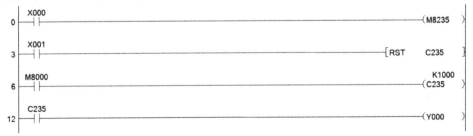

图 3.73　无启动/复位端

如图 3.74 所示为带启动/复位端的单相单计数输入高速计数器的应用。由表 3.3 可知 X001 和 X006 分别为复位输入端和启动输入端，利用 X010 通过 M8244 可设定其增计数方式。当 X006 接通时，则开始计数，计数的输入信号来自于 X000，C244 的设定值由 D0 和 D1 指定。除了可用 X001 立即复位外，也可用梯形图中的 X011 复位。

图 3.74　带启动/复位端

2）单相双计数输入高速计数器（C246~C250）。这类高速计数器具有两个输入端，一个为增计数输入端，另一个为减计数输入端。利用 M8246~M8250 的 ON/OFF 动作可监控 C246~C250 的增计数/减计数动作。

如图 3.75 所示，X010 为复位信号，其有效 ON 则 C248 复位。由表 3.3 可知，可利用 X005 对其复位。当 X011 接通时，选中 C248，输入来自 X003 和 X004。

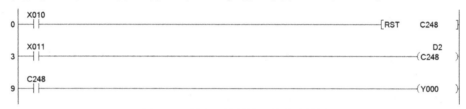

图 3.75　单相双计数输入高速计数器

3）双相双计数输入高速计数器（C251~C255）。A 相和 B 相信号决定计数器是增计数还是减计数，如图 3.76 所示，当 A 相为 ON 时，B 相由 OFF 到 ON，则为增计数；当 A 相为 ON 时，B 相由 ON 到 OFF，则为减计数。当 X012 接通时，C251 计数开始。由表 3.3 可知，其输入来自 X000（A 相）和 X001（B 相）。只有当计数使当前值超过设定值，则 Y002 为 ON。如果 X011 接通，则计数器复位。根据不同的计数方向，Y003 为 ON（增计数）或为 OFF（减计数），即用 M8251~M8255 可监视 C251~C255 的加/减计数状态。

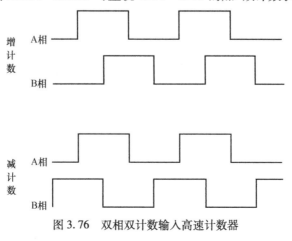

图 3.76　双相双计数输入高速计数器

```
      X011
  0 ──┤├────────────────────────────────────────[RST    C251 ]
      X012                                                K2000
  3 ──┤├────────────────────────────────────────────────(C251 )
      C251
  9 ──┤├────────────────────────────────────────────────(Y002 )
      M8251
 11 ──┤├────────────────────────────────────────────────(Y003 )
```

图 3.76　双相双计数输入高速计数器（续）

注意：高速计数器的计数频率较高，它们的输入信号的频率受两方面的限制。一是全部高速计数器的处理时间。因采用中断方式，所以计数器用得越少，则可计数频率就越高。二是输入端的响应速度，其中 X000、X002、X003 最高频率为 10kHz，X001、X004、X005 最高频率为 7kHz。

3.4.7　数据寄存器（D）

PLC 在进行输入输出处理、模拟量控制、位置控制时，需要很多数据寄存器存储数据和参数。数据寄存器为 16 位，最高位为符号位，可用两个数据寄存器来存储 32 位数据，最高位仍为符号位。数据寄存器有以下几种类型。

1）通用数据寄存器。通用数据寄存器（D0～D199）共 200 点。当 M8033 为 ON 时，D0～D199有断电保持功能；当 M8033 为 OFF 时，则它们无断电保持功能，这种情况 PLC 由 RUN→STOP 或停电时，数据全部清零，数据寄存器数据范围为 -32768～32767。2 个数据寄存器合并使用可达 32 位，数据范围是 -2147483648～+2147483647。

X000 接通，把数据 K10 传送到 D0，此时如果 PLC 被置 STOP，D0 的数据会被清除。如果 X001 把 M8033 接通，在 PLC 被 STOP 时，则 D0 的数据就会被保持，如图 3.77 所示。

图 3.77　M8033 可保持非掉电保持的数据寄存器案例

2）断电保持数据寄存器。断电保持数据寄存器（D200～D7999）共 7800 点，其中 D200～D511（共 312 点）有断电保持功能，可以利用外部设备的参数设定改变通用数据寄存器与有断电保持功能数据寄存器的分配；D490～D509 供通信用；D512～D7999 的断电保持功能不能用软件改变，但可用指令清除它们的内容。

当 X000 接通，把 K10 传送给 D200，D200 的内容又同时被传到 D500 中，此时如果 PLC 被 STOP，或者是被断电，当 PLC 再次为 ON 或者通电时，D200 和 D500 里面的数据都还存在，如图 3.78 所示。

图 3.78　断电保持应用案例

3）特殊数据寄存器。D8000 以后的，都为特殊性的，其中特殊数据寄存器（D8000~D8255）共 256 点。特殊数据寄存器的作用是用来监控 PLC 的运行状态，例如扫描时间、电池电压等。未加定义的特殊数据寄存器，用户不能使用。具体可参见用户手册。

3.4.8　位组合元件（Kn）

只处理 ON/OFF 信息的软元件称为位元件，如 X、Y、M 和 S 等均为位元件。而处理数值的软元件称为字元件，如 T、C、D 等。位元件通过组合使用也可以处理数值，PLC 中专门设置了将位元件组合成"位组合元件"的方法，将多个位元件按 4 位一组的原则组合，组合方法的助记符如下：

$$Kn+最低位的位元件号$$

如 KnX、KnY、KnM 即是位组合元件，其中"K"表示后面跟的是十进制数，"n"表示 4 位一组的组数，16 位数据用 K1~K4，32 位数据用 K1~K8。

【例 3.3】　说明 K2M0 表示的位元件组件含义。

【解】　K2M0 中的"2"表示 2 组 4 位的位元件组成组件，最低位的位元件号分别是 M0 和 M4。所以 K2M0 表示由 M0~M3 和 M4~M7 两组位元件组成一个 8 位数据，其中 M7 是最高位，M0 是最低位。

使用位元件组合元件时应注意以下几点：

1）若向 K1M0~K3M0 传递 16 位数据，则数据长度不足的高位部分不被传递，32 位数据也同样。

2）在 16 位（或 32 位）运算中，对应元件的位指定是 K1~K3（或 K1~K7），长度不足的高位通常被视为 0，因此，通常将其作为正数处理。

3）被指定的位元件的编号，没有特别的限制，一般可自由指定，但是建议在 X、Y 的场合最低位的编号尽可能设定为 0（X000、X010、X020…Y000、Y010、Y020…），理想的设定数为 8 的倍数，为了避免混乱。在 M、S 场合建议设定为 M0、M10、M20…。

那么输入 X、输出 Y、辅助继电器 M、状态继电器 S 都能通过位组合成字来存储数据，表 3.4 为位元件组合成字。

表 3.4　位元件组合成字

适用指令		KnM（假设指定 X0）	包含长度	包含位个数/个	KnS（假设指定 S10）	包含长度	包含位个数/个
32 位指令	16 位指令	K1X0	X0~X3	4	K1Y0	Y0~Y3	4
		K2X0	X0~X7	8	K2Y0	Y0~Y7	8
		K3X0	X0~X13	12	K3Y0	Y0~Y13	12
		K4X0	X0~X17	16	K4Y0	Y0~Y17	16
	—	K5X0	X0~X23	20	K5Y0	Y0~Y23	20
	—	K6X0	X0~X27	24	K6Y0	Y0~Y27	24
	—	K7X0	X0~X33	28	K7Y0	Y0~Y33	28
	—	K8X0	X0~X37	32	K8Y0	Y0~Y37	32

（续）

适用指令		KnM （假设指定 M0）	包含长度	包含位个数/个	KnS （假设指定 S10）	包含长度	包含位 个数/个
32 位 指 令	16 位 指 令	K1M0	M0~M3	4	K1S10	S10~S13	4
		K2M0	M0~M7	8	K2S10	S10~S17	8
		K3M0	M0~M11	12	K3S10	S10~S21	12
		K4M0	M0~M15	16	K4S10	S10~S25	16
	—	K5M0	M0~M19	20	K5S10	S10~S29	20
	—	K6M0	M0~M23	24	K6S10	S10~S33	24
	—	K7M0	M0~M27	28	K7S10	S10~S37	28
	—	K8M0	M0~M31	32	K8S10	S10~S41	32

扫一扫看视频

1. 位组合元件使用案例一

由梯形图（见图 3.79）中看出一个触点对应一个线圈，怎样把这样的程序用一个功能指令简化。

图 3.79　位组合元件案例一

简化后的程序如图 3.80 所示，其执行的功能完全相同。

扫一扫看视频

（图 3.80 梯形图）
```
    M8000
0 ──┤├──────────────────────────────[MOV  K1X000  K1Y000 ]
6 ────────────────────────────────────────────────[END ]
```

图 3.80　位组合元件案例一简化后

2. 位组合元件案例二（见图 3.81）

图 3.81　位组合元件案例二

当分别接通 X000，X001，X002…，Y000，Y001…也会分别被接通，这样的互锁输出非常方便。如果使用基本指令实现这种功能，电路会非常复杂，使用功能指令就简单多了。

3.4.9　变址寄存器（V、Z）

FX 系列 PLC 有 V0~V7 和 Z0~Z7 共 16 个变址寄存器，都是 16 位的寄存器。变址寄存器 V/Z 实际上是一种特殊用途的数据寄存器，其作用相当于计算机中的变址寄存器，用于改变元件的编号（变址）。例如，设 V0=5，则执行 D20V0 时，被执行的数据寄存器的地址编号为 D25（20+5）。变址寄存器可以像其他数据寄存器一样进行读写，需要进行 32 位操作时，可将 V、Z 串联使用（Z 为低位，V 为高位）。

V 和 Z 都是 16 位寄存器，变址寄存器在传送、比较中用来修改操作对象的元件号。变址寄存器的应用如图 3.82 所示。

图 3.82　变址寄存器的应用

图中，第一行指令执行 10 到 V0，第二行执行 20 到 Z0，所以变址寄存器的值为：V=10，Z=20；第三行执行(D5V0)+(D15Z0)=(D40Z0)；

D5V0=D(5+10)=D15，实际地址为 D15；

D15Z0=D(5+20)=D25，实际地址为 D25；

D40Z0=D(40+20)=D60，实际地址为 D60。

所以 X002 启动，执行 D15 的数据，加上 D25 的数据，放到 D60 里面。X003 启动，D0、D1 加上 D2、D3 结果放到 D24、D25 里面。

对 32 位数据进行操作时，要将 V 和 Z 结合起来使用，Z 为低 16 位，V 为高 16 位。

【例 3.4】　利用变址寄存器对常数进行修改。

当 V0=10 时，执行 MOV　K500V0　D0，请问 D0 的结果是多少？

【解】　当 V0=10 时，K500V0=K500+10=K510，因此，D0 是 K510。

【例 3.5】　利用变址寄存器对八进制编号进行修改。

当 Z0=10 时，执行 MOV　K2X0Z0　K2Y0，请问 K2X0Z0 变成多少？

【解】　当 Z0=10 时，执行 K2X0Z0=K2X0+10=K2X12（X 和 Y 是八进制的），因此 K2X0Z0 变成了 K2X12。

利用变址寄存器修改 X、Y 等八进制数的软元件编号时，对应软元件编号的变址寄存器的内容经八进制换算后相加。

3.4.10　指针（P、I）

在 FX 系列中，指针用来指示分支指令的跳转目标和中断程序的入口位置，分为分支用指针、输入中断指针、定时器中断指针和高速计数器中断指针。

中断指针是用来指示某一中断程序的入口位置，执行中断指针后遇到 IRET（中断返回）指令，则返回主程序。

1）分支用指针（P0~P4095）。有 P0~P4095 共 4096 个分支用指针，分支用指针用来指示跳转指令（CJ）的跳转目标或子程序调用指令（CALL）调用子程序的入口位置。

2）输入中断指针（I00□~I50□）。输入中断指针共 6 个，它是用来指示由特定输入端的输入信号而产生中断的中断服务程序的入口位置，这类中断不受 PLC 扫描周期的影响，可以及时处理外界信息。

例如，I101 为当输入 X001 从 OFF→ON 变化时，执行以 I101 为标号后面的中断程序，并根据 IRET 指令返回。

3）定时器中断指针（I6□□~I8□□）。定时器中断指针共 3 个，是用来指示周期定时中断的中断服务程序的入口位置，这类中断指针的作用是 PLC 以指定的周期定时执行中断服务程序，定时循环处理某些任务。处理的时间也不受 PLC 扫描周期的限制。□□表示定时范围，可在 10~99ms 中选取。

3.4.11　常数（K、H、E、B）

K 是表示十进数的符号，主要用来定时器或计数器的设定值及应用功能指令操作数中的数值；H 是表示十六制数的符号，主要用来表示应用功能指令的操作数值；B 表示二进制符号，E 表示浮点数符号。例如，10 用十进制表示为 K10，用十六进制则表示为 HA，用二进制表示为 B1010，用浮点数表示为 E10。

3.5　数制

数制是指计算数的方法。其基本内容有两个：一个是如何表示一个数；另一个是如何表示数的进位。公元 400 年，印度数学家最早提出了十进制计数系统，当然，这种计数系统与人的手指有关，这也是很自然的事。这种计数系统（就是数制）的特点是逢十进一，有 10 个不同的数码表示数（0~9 个阿拉伯数字），这个计数系统就称为十进制。十进制计数内容已经包含了数制的三要素：位权、数码、位。下面就以十进制为例来讲解数制的三要素。如图 3.83 所示是一个十进制数表示的数制三要素示意图。

10^3	10^2	10^1	10^0	位权
B_3	B_2	B_1	B_0	位
6	5	0	5	数码

6505 中的 6 代表 $6×10^3$，5 代表 $5×10^2$，0 代表 $0×10^1$，5 代表 $5×10^0$。

图 3.83　十进制数表示数制三要素

这是一个十进制的四位数：6505，其中 6、5、0 是它的数码，也叫数符。我们知道十进制有十个数码，0~9，这 10 个数码就称之为十进制数的基数。基数即表示了数制所包含数码的个数，同时也包含了数制的进位，即逢十进一。N 进制必须有 N 个数码，逢 N 进一。

一般来说，数制的数值由各位数码乘以位权后相加得到的，如 $6505 = 6 \times 10^3 + 5 \times 10^2 + 0 \times 10^1 + 5 \times 10^0$。数值中位权最大的有效值是最左边的位，称之为最高有效位，而最右边的有效位为最低位。下面介绍在 PLC 电路中常用的二进制、八进制、十进制、十六进制。其中八进制只有在 PLC 的输入和输出中用到，其他情况用不到，所以不做重点介绍。十进制上面介绍了，就不再介绍了。

3.5.1　二进制

二进制数的 1 位（bit）只能取 0 和 1 两个不同的值，可以用来表示开关量的两种不同的状态，例如触点的接通和断开、线圈的通电和断电、灯的亮和灭等。在梯形图中，如果该位是 1，可以表示常开触点的闭合和线圈的得电；反之，该位是 0 可以表示常开触点的断电和线圈的断电。三菱 PLC 的二进制表示方法是在数值前面加前缀 B，例如 B 1010 1100 1101 0011 就是 16 位二进制常数。十进制的运算规则是逢 10 进 1，二进制的运算规则是逢 2 进 1。

3.5.2　十六进制

十六进制的 16 个数字是 0~9 和 A~F（对应十进制中的 10~15，字母不区分大小写），每个十六进制数可以用 4 位二进制数表示。十六进制的表示方法是在数值前面加前缀 H。例如 HA，用二进制表示为 B1010。十六进制的运算规则是逢 16 进 1，掌握二进制和十六进制之间的转换，对于学习三菱 PLC 来说是十分重要的。十进制与二进制、十六进制对应关系如表 3.5 所示。

表 3.5　不同的数制的数的表示方法

十进制（K）	十六进制（H）	二进制（B）	十进制（K）	十六进制（H）	二进制（B）
0	0	0000	8	8	1000
1	1	0001	9	9	1001
2	2	0010	10	A	1010
3	3	0011	11	B	1011
4	4	0100	12	C	1100
5	5	0101	13	D	1101
6	6	0110	14	E	1110
7	7	0111	15	F	1111

3.5.3　进制互换

十六进制数转换成十进制数，前面已经有初步的讲解，其值为各个位码乘以位权然后相加。一般来说，一个 N 进制数如果有 n 位（从 0，1，…，$n-1$ 位），则其十进制公式为

等值十进制数 $= b_{n-1} * N^{n-1} + b_{n-2} * N^{n-2} + b_{n-3} * N^{n-3} + \cdots + b_1 * N^1 + b_0 * N^0$，式中，$b_0$，$b_1$，…，$b_{n-2}$，$b_{n-1}$ 为 N 进制数的基数之一；N^0，N^1，…，N^{n-2}，N^{n-1} 为 N 进制数的位权。

下面就以二进制、十六进制为例进行说明。

【例 3.6】　试把二进制数 B11011 转换成等值的十进制数。$N = 2$，$n = 5$。

【解】 $B11011=1\times2^4+1\times2^3+0\times2^2+1\times2^1+1\times2^0=K27$

从中可以看出，数码为 0 的位，其值也为 0，可以不用加，这样把一个二进制数转换为十进制数只要把数码为 1 的权值相加即可。

【例 3.7】 试把十六进制数 H3E8 转换成十进制数。$N=16$，$n=3$。口诀为除 N 取余，逆序排列。

【解】 $H3E8=3\times16^2+14\times16^1+8\times16^0=K1000$

其计算过程和二进制完全一样。

将十进制数转换成二、十六进制数的口诀为除 N 取余，除到零为止，逆序排列。

【例 3.8】 将十进制数 K200 转换为二进制数。口诀为除 N 取余，逆序排列。

【解】 $200/2=100\cdots0$

$100/2=50\cdots0$

$50/2=25\cdots0$

$25/2=12\cdots1$

$12/2=6\cdots0$

$6/2=3\cdots0$

$3/2=1\cdots1$

$1/2=0\cdots1$

最后面的一个为高位，第一个为低位，逆序排列为 1100 1000。

【例 3.9】 将十进制数 K8000 转换为十六进制数。

【解】 $8000/16=500\cdot\cdots0$

$500/16=31\cdots\cdots4$

$31/16=1\cdots15$（F）

$1/16=0\cdots1$

$K8000=H\,1F40$

最后面的一个为高位，第一个为低位，逆序排列为 1F40。

3.5.4 8421BCD 码

二进制数的优点是数字系统可以直接应用它，但是阅读和书写不符合人们的习惯。如何既不改变数字系统处理二进制数的特征，又能在外部显示十进制数？于是就产生了用二进制数表示十进制数的编码——BCD 码。

数字 0~9 一共有 10 种状态。3 位二进制数只能表示 8 种不同的状态，显然不行。用 4 位二进制数来表示 10 种状态是有余了，因为 4 位二进制数有 16 种状态组合，还有 6 种状态没有用上。

从 4 位二进制数中取出 10 种组合表示十进制数的 0~9，可以有很多种方法。因此 BCD 码也有多种，如 8421BCD 码、2421BCD 码、余 3 码等，其中最常用的是 8421BCD 码，见表 3.6。

表 3.6 用 4 位二进制数来表示十进制数的 8421BCD 码

十进制	0	1	2	3	4
8421BCD	0000	0001	0010	0011	0100

（续）

十进制	5	6	7	8	9
8421BCD	0101	0110	0111	1000	1001

从表中可以看出，8421BCD 码实际上就是用二进制数的 0~9 来表示十进制数的 0~9。为了区分二进制数和 8421BCD 码的不同，通常把二进制数的码叫作纯二进制码。

4 位二进制数的组合中，还有 6 种组合没有使用，称为未用码，它们是 1010~1111。在实际应用中，未用码是绝对不允许出现在 8421BCD 码的表示中的。

要表示一个十进制数，用纯二进制码和 8421BCD 码表示有什么不同呢？下面通过一个实例来加以说明。

【例 3.10】　将十进制数 58 用二进制数和 BCD 码表示。

【解】　（1）二进制数表示：

K58＝B111010

（2）8421BCD 码表示：

　　　5　　　8
　0101　　1000

K58＝01011000BCD

【例 3.11】　1001010100000010BCD 表示多少？

【解】　1001　0101　0000　0010
　　　　9　　5　　0　　2
1001010100000010BCD＝K9502

第 4 章

基本指令和功能指令

4.1 基本指令

4.1.1 输入/输出指令

LD 是取指令，LDI 是取反指令。LD 和 LDI 指令主要用于将触点连接到左母线上，在分支点也可以使用。其目标元件是 X、Y、M、S、T 和 C。

OUT 指令是对输出继电器、辅助继电器、状态、定时器、计数器的线驱动的指令，对于输入电器不能使用。其目标元件是 Y、M、S、T 和 C。并列的 OUT 指令能多次使用。对于定时器的计时线圈或计数器的计数线圈，使用 OUT 指令后，必须设定常数 K。此外也可以用数据寄存器编号间接指定。

用如图 4.1 所示的例子来解释输入与输出指令，当常开触点 X000 闭合时（如果与 X000 相连的按钮是常开触点，则需要按下按钮），中间继电器 M0 线圈得电。当常闭触点 X001 闭合时（如果与 X001 相连的按钮是常闭触点，则不需要按下按钮），输出继电器 Y000 线圈得电。在输入程序时，第 0 段先输入 LD X000（或者单击快捷键和双击空白处），再输入 OUT M0（或者单击快捷键）。第 2 段先输入 LDI X001（或者单击快捷键和双击空白处），再输入 OUT Y000（或者单击快捷键）。程序编写完成后要进行转换和编译。

【关键点】PLC 的中间继电器并不需要接线，它通常只参与中间运算，而输入/输出继电器是要接线的，这一点请读者注意。

图 4.1　输入/输出指令

4.1.2 触点串联指令

AND 是与指令，用于一个常开触点串联连接指令，完成逻辑"与"运算。

　　ANI 是与非指令，用于一个常闭触点串联连接指令，完成逻辑"与非"运算。

　　触点串联指令的使用说明：

　　1）AND、ANI 都是指单个触点串联连接的指令，串联次数没有限制，可反复使用。

　　2）AND、ANI 的目标元件为 X、Y、M、T、C 和 S。

　　用如图 4.2 所示的例子来解释触点串联指令。当常开触点 X000、常闭触点 X001 闭合，而常开触点 X002 断开时，线圈 M0 得电，线圈 Y000 断电；当常开触点 X000、常闭触点 X001、常开触点 X002 都闭合时，线圈 M0 和线圈 Y000 得电；只要常开触点 X000 或者常闭触点 X001 有一个或者两个都断开，则线圈 M0 和线圈 Y000 便断电。注意如果与 X000、X001 相连的按钮是常开触点，那么按钮不压下时，常开触点 X000 是断开的，而常闭触点 X001 是闭合的，这点读者务必要清楚。在输入程序时，输入 LD X000，ANI X001，OUT M0；AND X002，OUT Y000。

图 4.2　触点串联指令

4.1.3　触点并联指令

　　OR 是或指令，用于单个常开触点的并联，实现逻辑"或"运算。

　　ORI 是或非指令，用于单个常闭触点的并联，实现逻辑"或非"运算。

　　触点并联指令的使用说明：

　　1）OR、ORI 指令都是指单个触点的并联，并联触点的左端接到 LD、LDL，右端与前条指令对应触点的右端相连。触点并联指令连续使用的次数不限。

　　2）OR、ORI 指令的目标元件为 X、Y、M、T、C、S。

　　用如图 4.3 所示的例子来解释触点并联指令的使用。当常开触点 X000、常开触点 X001 闭合或者常开触点 X002 有一个或者多个闭合时，线圈 Y000 得电。

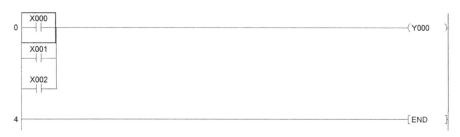

图 4.3　触点并联指令

4.1.4　SET、RST 指令

　　在编写程序时，希望某个输出（或者辅助继电器）在一段时间内一直保持着接通的状态，其他时间再恢复到初始状态，可使用 SET 指令。SET 指令就是置位指令，它的作用就是使被操作的目标元件置 1 并保持，它的目标元件为 Y、M、S。RST 是复位指令，使被操作的目标元件复位并保持清零状态，它的目标元件为 Y、M、S、D、V、Z、T和 C。

置位指令 SET 和复位指令 RST 的使用如图 4.4 所示。X000 的常开触点接通时，Y000 接通输出，X000 的常开触点断开时，Y000 依然保持接通输出的状态；只有 X001 的触点接通时，Y000 才变为停止输出状态，X001 的触点断开，Y000 也依然是断开状态。

图 4.4   SET、RST 指令梯形图

4.1.5   LDP、LDF 指令

LDP、LDF 是触点形式的上升沿、下降沿（触点型的上升沿、下降沿）脉冲输入指令，是与左母线相连的触点型脉冲输入指令，检测到输入信号时，会产生一个扫描周期的脉冲输出。它们的目标元件为 X、Y 和 M。如图 4.5 所示为 LDP、LDF 指令梯形图。

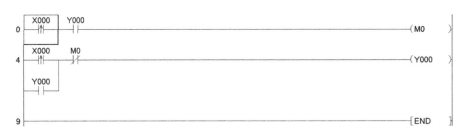

图 4.5   LDP、LDF 指令梯形图

在控制时，为了操作简单方便，一般采用一个按钮控制设备的起动停止（见图 4.6）。根据按钮被按下的次数，电路进行相应动作，也可以说奇数亮，偶数灭。这种电路也称为双稳态电路。

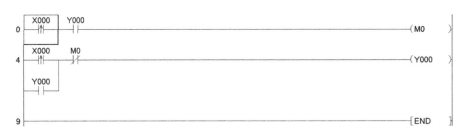

图 4.6   单按钮控制起动

4.1.6　PLF、PLS 指令

　　PLF、PLS 是指令形式的上升沿、下降沿（线圈型的上升沿、下降沿）脉冲输出指令，PLS 是上升沿脉冲输出指令，在输入信号上升沿产生一个扫描周期的脉冲输出。PLF 是下降沿脉冲输出指令，在输入信号下降沿产生一个扫描周期的脉冲输出。它们的目标元件为 Y 和 M。使用 PLS 指令时，仅在驱动 X000 输入接通后的一个扫描周期内目标元件 Y000 为输出状态；使用 PLF 指令时只是在输入信号 X001 下降沿 Y001 输出。如图 4.7 所示为 PLS、PLF 指令梯形图。

图 4.7　PLS、PLF 指令梯形图

4.1.7　INV 指令

　　INV 是反指令，执行该指令后将原来的运算结果取反。反指令没有软元件，因此使用时不需要指定软元件，也不能单独使用，反指令不能与母线相连。如图 4.8 所示为 INV 指令梯形图。当 X000 断开时，Y000 接通输出；当 X000 接通时，Y000 停止输出。

图 4.8　INV 指令梯形图

4.1.8　MC、MCR 指令

　　在编程时，常会遇到多个线圈同时受一个或一组触点控制，如果在每个线圈的控制电路中都串入同样的触点，将占用很多存储单元，使用主控指令就可以解决这一问题。

　　MC 是主控指令，用于公共串联触点的连接。执行 MC 后，左母线移到 MC 触点的后面；MCR 是主控复位指令，用于公共串联触点的连接清除，即利用 MCR 指令恢复原左母线的位置。

　　MC、MCR 指令的使用说明如下：

　　1）MC、MCR 指令的目标元件为 Y 和 M，但不能用特殊辅助继电器。MC 占 3 个程序步，MCR 占 2 个程序步。

　　2）主控触点在梯形图中与一般触点垂直。主控触点是与左母线相连的常开触点，是控制一组电路的总开关。与主控触点相连的触点必须用 LD 或 LDI 指令。

　　3）MC 指令的输入触点断开时，在 MC 和 MCR 之间的积算定时器、计数器及用复位、置位指令驱动的元件保持其之前的状态不变。

扫一扫看视频

4）在一个 MC 指令区内若再使用 MC 指令则称为嵌套。嵌套级数最多为 8 级，编号按 N0→N1→N2→N3→N4→N5→N6→N7 顺序增大，每级的返回用对应的 MCR 指令，从编号大的嵌套级开始复位。

主控指令 MC 和主控复位指令 MCR 如图 4.9 所示。在 MC、MCR 指令梯形图中，当 X000 触点接通时，就执行从编号 N0 以下和 MCR N0 以上的程序，执行完毕后就再执行 M8000 后面的程序。如果 X000 触点不接通，程序扫描到 N0 的位置时就直接跳过 N0 以下和 MCR N0 以上的程序，继续执行 M8000 以后的程序。

图 4.9   MC 和 MCR 指令梯形图

5）嵌套结构的梯形图。在没有嵌套结构的梯形图中，可以再次使用 N0 的编号，N0 的使用次数是无限制的。在有嵌套的结构时，如图 4.10 所示，嵌套的编号是从小到大的。

4.1.9   步进指令

步进指令又称 STL 指令。FX 系列 PLC 有两条步进指令，分别是 STL（步进的指令触点）和 RET（步进返回指令），步进指令只有与状态继电器 S 配合使用才有步进功能。

根据状态转移图（见图 4.11）的特点，步进指令是使用内部状态元件（S）在顺控程

图 4.10   嵌套结构梯形图

图 4.10　嵌套结构梯形图（续）

序上进行工序步进控制。也就是说，步进顺控指令只有与状态元件配合才能有步进功能。使用 STL 指令的状态继电器的常开触点，称为 STL 触点，没有 STL 常闭触点。状态转移图与梯形图有对应关系。用状态继电器代表图中的各步，每步都有三种功能：负载驱动处理、指定转换条件和指定转换目标，且在语句表中体现了 STL 指令的用法，如图 4.12 所示。

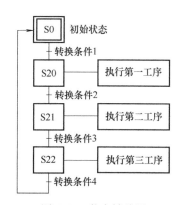

图 4.11　状态转移图

步进梯形图编程时应注意：

1）STL 指令没有触点，直接连接左母线。

2）与 STL 相连的触点用 LD 指令，即产生母线右移，使用完 STL 指令后，应该用 RET 指令使 LD 返回母线。

3）梯形图中同一元件可以被不同的 STL 触点驱动，也就说使用 STL 指令允许双线圈输出。

4）STL 触点之后不能使用主控指令 MC、MCR。

5）STL 内可以使用跳转指令，但比较复杂，不建议使用。

6）规定步进梯形图必须有一个初始状态（初始步），并且初始状态必须在最前面。初始状态的元件必须是 S0~S9，否则 PLC 无法进入初始状态。其他状态的元件参见表 4.1。

表 4.1　状态继电器对应表

类　别	状态继电器号	点　数	功　能
初始状态继电器	S0~S9	10	初始化
返回状态继电器	S10~S19	10	用 ITS 指令时原点返回用
普通型状态继电器	S20~S499	480	用在 SFC 中间状态
掉电保持型状态继电器	S500~S899	400	具有停电记忆功能
诊断、报警用状态继电器	S900~S999	100	用于故障诊断和报警

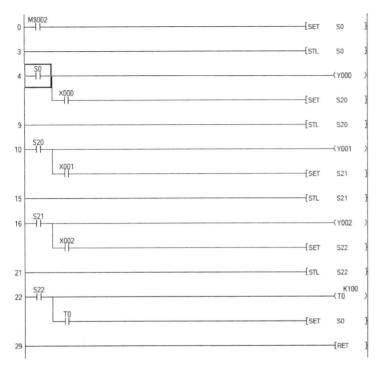

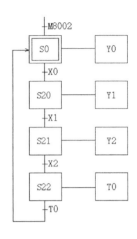

图 4.12　STL 指令用法

实现某产品工艺流程的状态转移图如图 4.13 所示。

① 按下起动按钮 X10，台车前进，当碰上限位开关 X11 后，马上后退。

扫一扫看视频

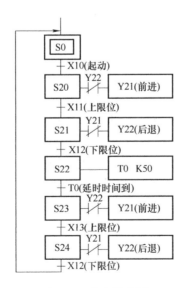

图 4.13　状态转移图

② 后退碰到限位开关 X12 后，停 5s 后再自动前进。

③ 再次前进后碰到限位开关 X13 后，马上再次后退。

④ 再次后退后碰到限位开关 X12 后，停车（等待起动命令）。

根据状态，转移图编写的梯形图如图 4.14 所示。

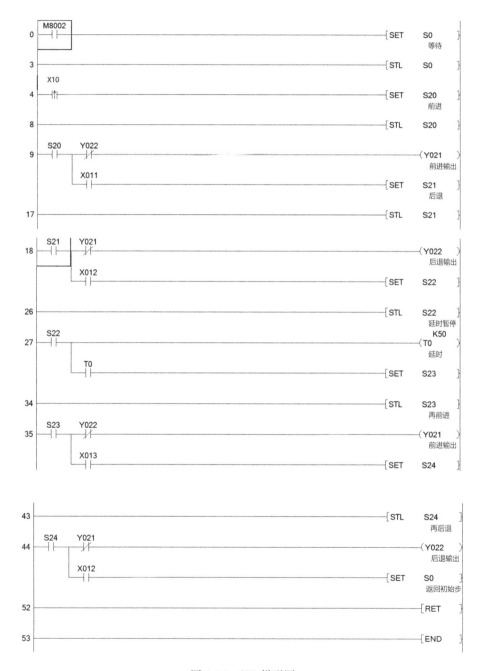

图 4.14　STL 梯形图

又如在实现十字路口交通灯（示意图与动作关系见图 4.15）控制时，实现的程序如图 4.16 所示。

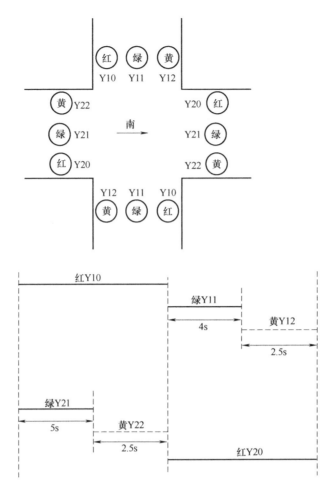

图 4.15 十字路口交通灯示意图与动作关系

【例 4.1】 如图 4.17 所示，根据状态图，编写梯形图。

如图 4.17 所示的气动机械手由 3 个汽缸组成，即汽缸 A、B、C，其工作过程是：当接近开关 SQ0 检测到有物体时，系统开始工作，①汽缸 A 向左运行；②到极限位置 SQ2 后，汽缸 B 向下运行，直到极限位置 SQ4 为止；③接着手指汽缸 C 抓住物体，延时 1s；④汽缸 B 向上运行；⑤到极限位置 SQ3 后，汽缸 A 向右运行；⑥到极限位 SQ1 位置，此时手指汽

图 4.16 十字路口交通灯 STL 程序

```
13  S20
    ─┤├───┬─────────────────────────────────────────────────(Y021  )
          │                                                    南北-绿
          │
          ├──────────────────────────────────────────[SET    Y010  ]
          │                                                    东西-红
          │                                                      K50
          ├─────────────────────────────────────────────────(T0    )
          │                                                    南北绿-时
          │   T0
          └──┤├───────────────────────────────────────[SET    S21   ]

22  ────────────────────────────────────────────────────[STL    S21   ]

23  S21  T1                                                      K10
    ─┤├──┤/├─────────────────────────────────────────────(T1    )
     │
     ├────[<=    T1    K5   ]──────────────────────────(Y022  )
     │                                                    南北-黄
     │   Y022                                               K3
     ├──┤├─────────────────────────────────────────────(C0    )
     │                                                    南北黄-数
     │   C0
     └──┤├────────────────────────────────────────[RST    Y010  ]
                   │                                         东西-红
                   └─────────────────────────────────[SET    S22   ]

47  ────────────────────────────────────────────────────[STL    S22   ]
                                                          东西-绿

48  S22
    ─┤├───┬─────────────────────────────────────────────────(Y011  )
          │                                                    东西-绿
          │
          ├──────────────────────────────────────────[SET    Y020  ]
          │                                                    南北-红
          │                                                      K40
          ├─────────────────────────────────────────────────(T2    )
          │
          │   T2
          └──┤├───────────────────────────────────────[SET    S23   ]

57  ────────────────────────────────────────────────────[STL    S23   ]
                                                          东西-黄

58  S23  T3                                                      K10
    ─┤├──┤/├─────────────────────────────────────────────(T3    )
     │
     ├────[<=    T3    K5   ]──────────────────────────(Y012  )
     │                                                    东西-黄
     │   Y012                                               K3
     ├──┤├─────────────────────────────────────────────(C1    )
     │                                                    东西黄 数
     │   C1
     └──┤├────────────────────────────────────────[RST    Y020  ]
                   │                                         南北-红
                   └─────────────────────────────────[SET    S0    ]

82  ────────────────────────────────────────────────────[RET     ]

83  ────────────────────────────────────────────────────[END     ]
```

简体中文　　无标签　　　　　　　　　　　FX3U/FX3UC　本站　　　　　58/84步　　　改写　大写　数字

图 4.16　十字路口交通灯 STL 程序（续）

缸 C 释放物体, 并延时, 完成搬运工作。电磁阀 YV1 上电汽缸 A 向左运行, 电磁阀 YV2 上电汽缸 A 向右运行, 电磁阀 YV3 上电, 汽缸 B 向下运行, 电磁阀 YV4 上电, 汽缸 B 向上运行, 电磁阀 YV5 上电, 汽缸 C 夹紧, 电磁阀 YV5 断电, 汽缸 C 松开。

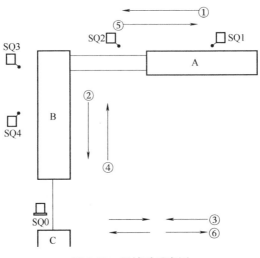

图 4.17　机械手示意图

【解】　这个运动逻辑看起来比较复杂, 如果不掌握规律, 则很难设计出正确的梯形图, 一般先根据题意画出流程图, 再根据流程图画出状态转移图, 如图 4.18 所示。PLC 的输入输出点 (I/O) 分配如下:

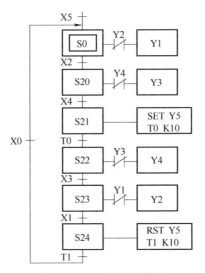

图 4.18　STL 状态转移图

输入点有 SQ0: X0; SQ1: X1; SQ2: X2; SQ3: X3; SQ4: X4; SB1: X5 (起动); SB2: X6 (复位);

SB3: X7 (停止, 接常闭触点)。

输出点有 YV1: Y1; YV2: Y2; YV3: Y3; YV4: Y4; YV5: Y5。

4.2　功能指令

4.2.1　功能指令的格式

（1）指令与操作数

在学习功能指令前，先了解以下功能指令的格式，以方便以后的学习。每条功能指令均应该用助记符或功能编号表示，有些助记符后有 1~4 个操作数，这些操作数的形式如下：

① 位元件 X、Y、M 和 S，它们只处理 ON（接通）和 OFF（断开）状态。

② 常数 T、C、D、V 和 Z，它们可以处理数字数据。

③ 常数 K、H 或者指针 P、I。

④ 由位软元件 X、Y、M 和 S，指定组成的字软元件（位组合元件）。

⑤ [S] 表示源操作数，[D] 表示目标操作数，若使用变址功能，则用 [S·] 和 [D·] 表示。

（2）数据的长度和指令执行方式

处理数据指令时，数据的长度有 16 位和 32 位之分，带有 [D] 标号的是 32 位，否则是 16 位数据。但高速计数器 C235~C254 本身就是 32 位的，因此不能使用 16 位指令操作数。浮点数也是 32 位的，有的指令要脉冲驱动获得，其操作符后要有 [P] 标记。

4.2.2　传送指令

（1）（D）MOV 传送指令

①（D）MOV 传送指令格式。

```
        X10                      [S·]    [D·]
 ┤├────────────────────┤ MOV │ D10 │ D12 │
```

② MOV 传送指令功能。

传送指令 MOV 将源操作数 [S·] 送到目标操作数 [D·] 中，作为目标操作数 [D·] 的数据。其中 [S·] 源操作数可取所有的数据类型，目标操作数 [D·] 为 KnY、KnM、KnS、T、C、D、V、Z。

③ MOV 传送指令说明。

如图 4.19 所示为 MOV 传送指令举例，M8002 只在 PLC 上电时接通一个扫描周期，将 K123 传送到目标元件 D0 中，作为目标元件 D0 的数据；即使一个扫描周期过后 M8002 断开，数据寄存器 D0 中的数据还是 K123。当 X000 接通，T0 的当前值达到预设值（123×100ms）时，T0 的常开触点接通，Y000 输出。

当数据为 32 位时，传送指令就变成了 DMOV，比如说将高速计数器 C200 的当前值传送到 D100 中，C200 的当前值为 32 位有符号整数，就要占用两个数据寄存器 D101 和 D100。如果在传送时只传送一次，就用脉冲传送指令 MOVP。

④ MOV 指令举例。

通过驱动条件的 ON/OFF，可以对定时器设定两个设定值。当设定值为两个以上的时候就需要多个驱动条件的 ON/OFF。程序的梯形图如图 4.20 所示，当外部按钮 X000 不动作时，程序内部 X000 的常闭触点接通，将 K200 的数值写入到数据寄存器 D0 中，

扫一扫看视频

图 4.19　MOV 传送指令

接通定时器 T0，延时 20s 后 Y000 输出接通指示灯亮；当外部按钮一直保持接通的状态，程序内部常开触点 X000 接通，就将 K50 传送到数据寄存器 D0 中，接通定时器 T0。这时延时 5s 后 Y000 输出接通指示灯亮。

图 4.20　MOV 指令举例

（2）CML 取反传送指令

① CML 取反传送指令格式。

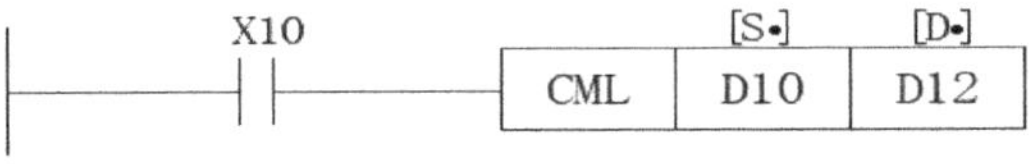

② CML 取反传送指令功能。

取反传送指令 CML 将源操作数 [S·] 中的数据自动转换成二进制，每一位进行取反后传送给目标操作数 [D·]。源操作数 [S·] 为 K、H、KnX、KnY、KnM、KnS、T、C、D、V、Z，目标操作数 [D·] 为 KnY、KnM、KnS、T、C、D、V、Z。

③ CML 取反传送指令说明。

如图 4.21 所示为 PLC 开机上电，首先将 H0FFFF 传送给 D1，当 X000 的触点接通时，这里用了脉冲取反传送指令 CMLP，所以只进行一次取反传送，所以 D2 的值就是 H0000。

注意在用这个指令时，如果不用沿触发指令，那么当 X000 接通时，在 PLC 的每个扫描周期都会进行取反传送，并将结果存储在 D2 中，那么每次的结果都会进行转换。

图 4.21　CML 取反传送指令

④ CML 取反传送指令举例。

某工厂门框上安装有 16 只小彩灯，主要显示"欢迎光临，出入平安"几个大字，要求每隔 1s 交替闪烁，利用 CML 指令编辑控制程序。如图 4.22 所示，M8013 是 1s 的时间脉冲，接通 0.5s 断开 0.5s，注意最好用 CML 取反传送指令的上升沿去触发。

图 4.22　CML 取反传送指令举例

（3）XCH 数据交换指令

① XCH 数据交换指令格式。

② XCH 数据交换指令功能。

数据交换指令 XCH 将目标操作数 ［D·］ 中的内容进行交换。目标操作数 ［D·］ 为 KnY、KnM、KnS、T、C、D、V、Z。XCH 指令一般情况下应采用脉冲执行型。

③ XCH 数据交换指令说明。

如果数据寄存器 D10 中的数据是 45，数据寄存器 D20 中的数据是 98，当 X000 接通时，将数据寄存器 D10 和 D20 的数据进行交换。最终得到的结果是 D10 中的数据是 98，D20 中的数据是 45，如图 4.23 所示。

图 4.23　XCH 数据交换指令

④ XCH 数据交换指令举例。

如图 4.24 所示，开机上电，先给数据寄存器 D1 和 D2 传送一个初始数据，将 K88 传送给 D1，将 K11 传送给 D2，当接通 X000 时，数据寄存器 D1 和 D2 的内容就进行交换一次，（注意这里用了脉冲交换）最终结果是数据寄存器 D1 中的内容为 K11，D2 中的内容为 K88。双字数据进行数据交换时，直接在指令前加 D，如 DXCHP。

图 4.24　XCH 数据交换指令举例

（4）SWAP 高低字节交换指令

① SWAP 高低字节交换指令格式。

② SWAP 高低字节交换指令功能。

高低字节交换指令是把高位和低位字节中的数据进行交换，其目标操作数［D·］为 KnY、KnM、KnS、T、C、D、V、Z。

位组合元件 K4M10 是由 M10~M25 组成的 16 位数据存储器，其中 K2M10 这 8 位组成的数据寄存器相当于一个低字节，那么 K2M18 这 8 位组成的数据寄存器相当于一个高字节，（数据寄存器 D 也是由 16 位组成，也有高低字节）。注意高低字节交换不是交换的存储器的位置，是将高低字节中的内容进行交换，在应用时，一般都会采用脉冲的方式进行高低字节交换。

③ SWAP 高低字节交换指令说明。

如图 4.25 所示，如果数据寄存器 D20 里面的内容为 H3311，当 X000 接通时，执行 SWAP 指令后（注意最好用上升沿触发），最后数据寄存器 D20 里面的内容为 H1133。

图 4.25　SWAP 高低字节交换指令

④ SWAP 高低字节交换指令举例。

用 SWAP 指令写出迷彩灯，首次亮 3 个指示灯，1s 以后再熄灭，循环执行，如图 4.26 所示。

图 4.26　SWAP 高低字节交换指令举例

（5）BMOV 块传送指令

① BMOV 块传送指令格式。

② BMOV 块传送指令功能。

块传送指令（BMOV）是将源操作数［S·］连续的 N 个数组成的数据块传送到目标操作数［D·］连续的 N 个数据块中；其中源操作数［S·］为 K、H、KnX、KnY、KnM、KnS、T、C、D、V、Z，目标操作数［D·］为 KnY、KnM、KnS、T、C、D、V、Z，数量

N 为 K、H、D（N≤512）。

③ BMOV 块传送指令说明。

如果 D100=K22、D101=K33、D102=K44，当 X000 接通时，就将 D100 的数据 K22 传送到 D200 里面，D200 里面的数据就是 K22；D101 的数据 K33 传送到 D201 里面，D201 里面的数据就是 K33；D102 的数据 K44 传送到 D202 里面，D202 的数据就是 K44。注意块传送指令 BMOV 没有 32 位用法。图 4.27 为 BMOV 块传送指令。

图 4.27　BMOV 块传送指令

④ BMOV 块传送指令举例。

比如将 D100、D101、D102 中的数据传送到 K4M0、K4M16、K4M32，分别将这些位组合元件进行拆分来控制外部负载和其他动作。如图 4.28 所示，当 X000 接通时，将 D100 开始的 3 个数据寄存器中的数据传送到 K4M0 开始的 3 个位组合元件中，再拆开分别控制外部负载。

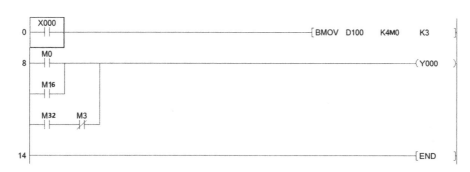

图 4.28　BMOV 块传送指令举例

（6）FMOV 多点传送指令

① FMOV 多点传送指令格式。

② FMOV 多点传送指令功能。

多点传送指令 FMOV 是将源操作数 [S·] 中的数据传送到连续的 N 个目标操作数 [D·] 中。其中源操作数 [S·] 为 K、H、KnX、KnY、KnM、KnS、T、C、D、V、Z，目标操作数 [D·] 为 KnY、KnM、KnS、T、C、D、V、Z，数量 N 为 K、H、D（N≤512）。最终这 N 个目标操作数里面的数据完全相同；多点传送指令可以用于初始化清零数据。

③ FMOV 多点传送指令说明。

如图 4.29 所示当 X000 接通时，D100 开始连续 5 个数据寄存器里面的数据全部清零。

图 4.29　FMOV 多点传送指令

④ FMOV 多点传送指令举例。

如图 4.30 所示，X001 为选择开关。当 X001 接通时，将 K100 传送 D100 开始的 3 个数据寄存器，分别作为计数器的预置值。当 X001 断开时，将 K50 传送 D100 开始的 3 个数据寄存器，也分别作为计数器的预置值。

图 4.30　FMOV 多点传送指令举例

4.2.3　比较指令

比较指令就是两个数据进行比较，按指令功能划分为 3 类，即触点比较指令、CMP 比较指令、ZCP 区间比较指令三大类。

（1）触点比较指令

① 触点比较指令格式。

$$\dashv\vdash\left[\begin{array}{cc} & [\text{S1}] & [\text{S2}] \\ = & \text{D10} & \text{D12} \end{array}\right]\dashv$$

② 触点比较指令功能。

触点比较指令是将两个源操作数［S1］和［S2］进行比较，符合比较的条件后输出。触点比较指令包括 LD =（等于）、LD <>（不等于）、LD >（大于）、LD <（小于）、LD > =（大于或等于）、LD < =（小于或等于）。两个源操作数［S1］和［S2］为 K、H、KnX、KnY、KnM、KnS、T、C、D、V、Z。

③ 触点比较指令说明。

触点比较指令如图 4.31 所示，图为用定时器做循环，顺序启动、逆序停止的例子。当

X000 接通时，M0 线圈通电自锁，定时器 T0 开始定时，Y000 在 5s 时启动，15s 时停止；Y001 在 3s 时启动，12s 时停止；Y002 在 6s 时启动，9s 时停止。启动顺序依次为 Y000、Y001、Y002，停止顺序依次为 Y002、Y001、Y000。

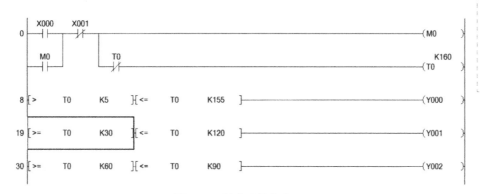

扫一扫看视频

图 4.31　触点比较指令

④ 触点比较指令举例。

用触点比较指令比较计数器当前值和预设值。当 X000 接通第一次时 Y001 启动，X000 接通第二次时 Y001 停止（奇数接通，偶数断开），如图 4.32 所示。

图 4.32　触点比较指令举例

（2）CMP 比较指令

① CMP 比较指令格式。

② CMP 比较指令功能。

比较指令 CMP 是将两个源操作数 [S1] 和 [S2] 中的数据进行比较，比较的结果用目标操作数 [D·] 的状态来表示，其两个源操作数为 K、H、KnX、KnY、KnM、KnS、T、C、D、V、Z，目标操作数为 Y、M、S（目标操作数将会占用 Mn、Mn+1、Mn+2）。

③ CMP 比较指令说明。

如下图 4.33 所示，当 X000 为接通状态时，把源操作数常数 K200 和数据寄存器 D10 中的内容进行比较，将比较的结果用目标操作数 M0~M2 三个状态来表示。当然 X000 断开，M0~M2 的状态也保持不变。当 D10 小于 K200 时，常开触点 M0 闭合；当 D10 等于 K200 时，常开触点 M1 闭合；当 D10 大于 K200 时，常开触点 M2 闭合。

④ CMP 比较指令举例。

在模拟量控制中，温控室里要将温度控制在 40℃，将经过计算转换求得的结果放在

扫一扫看视频

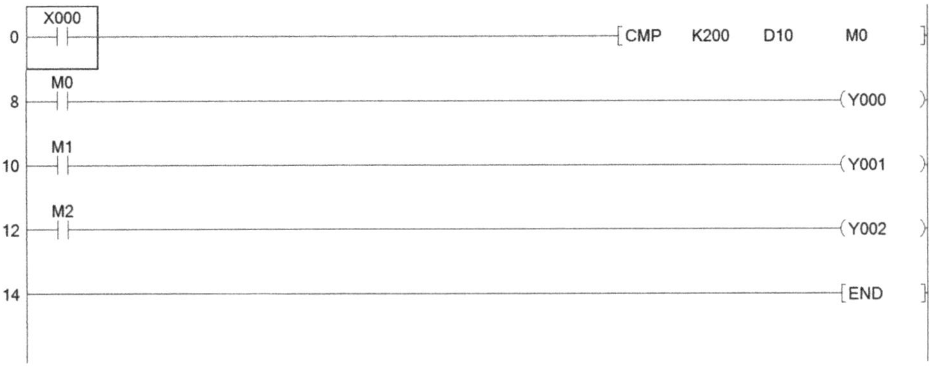

X000
0
CMP K200 D10 M0
M0
8
Y000
M1
10
Y001
M2
12
Y002
14
END

图 4.33 CMP 比较指令

D100 中。温度超过 60°，高温报警，拉响警报 1s 进行红灯闪烁报警；温度低于 20°，进行低温报警，闪黄灯。温度正常时就亮绿灯，梯形图如图 4.34 所示。

M8000
0
CMP K20 D100 M0
CMP K60 D100 M10
*<低温报警 >
M0 M8013
15
Y000
*<高温报警 >
M12 M8013
18
Y001
*<正常 >
M0 M12
21
Y002
24
END

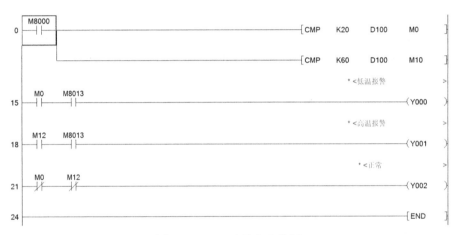

图 4.34 CMP 比较指令举例

(3) ZCP 区间比较指令

① ZCP 区间比较指令格式。

X10
[S1] [S2] [S•] [D•]
ZCP D10 D12 D30 M0

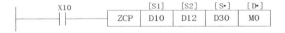

② ZCP 区间比较指令功能。

区间比较指令 ZCP 是将一个源操作数 [S·] 与两个源操作数 [S1] [S2] 形成的区间相比较，将比较的结果用目标操作数 [D·] 的状态表示。区间比较指令的源操作数 [S·]、[S1] 和 [S2] 为 K、H、KnX、KnY、KnM、KnS、T、C、D、V、Z，其中源操作数 [S1] 小于等于 [S2]；目标操作数为 Y、M、S（也将目标操作数将会占用 Mn、Mn+1、Mn+2）。

③ ZCP 区间比较指令举例。

如图 4.35 所示，这是一个水产品养殖池的水温指示系统程序，水温通过温度探头和温度特殊模块经过算法计算，最终将结果传送到 D100 中，D100 里面的数据就是水温了。正常的养殖池的水温为 28~35℃，将采集回来的温度 D100 与正常温度做对比，当 D100 的数值小于 28 时，低温指示灯 Y000 亮；当温度 D100 大于 28 小于 35 时，正常温度指示灯 Y001 亮；当温度 D100 大于 35 时，高温指示灯 Y002 亮。

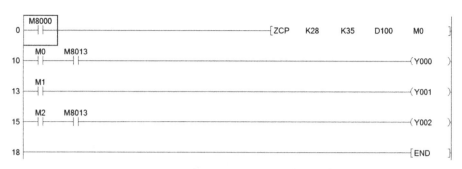

图 4.35　ZCP 区间比较指令例 1

机械运行时，考虑到零件损耗，必须向里面加注润滑油。润滑箱里面的容量一直保持在 400mL 以上 600mL 以下，低于 400mL 这个容量时要自动加注润滑油，但不允许高于 600mL 这个容量。如果容量在 400mL 和 600mL 之间则亮绿灯，如图 4.36 所示。

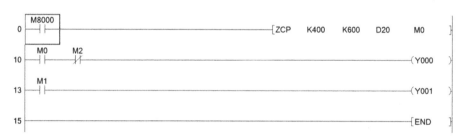

图 4.36　ZCP 区间比较指令例 2

4.2.4　移位循环指令

（1）SFTR 位右移、SFTL 位左移指令

① SFTR 位右移、SFTL 位左移指令格式。

移位指令是使元件中的状态向左（右）移位，由 N1 指定移位元件的长度，由 N2 指定移位的位数。其中源操作数 [S·] 为 X、Y、M 和 S；目标操作数 [D·] 为 Y、M 和 S；N1 和 N2 为 K、H（K1≤N2≤N1≤K1024）。一般将驱动输入换成脉冲。若连续执行脉冲指令，则在每个运算周期都要执行一次。

③ SFTR 位右移、SFTL 位左移指令说明。

注意使用位左移和位右移指令时，源操作数为 X、Y、M 和 S，目标操作数为 Y、M 和 S。没有 32 位移位指令，最好使用时用脉冲形式触发。如图 4.37 和图 4.38 所示，每一次 X000 接通，K1X10 的内容送到 K1M0 中，并且依次整体向高位移动 4 位，由 M0～M3 移动到 M4～M7。

② SFTR 位右移、SFTL 位左移指令功能。

图 4.37　SFTLP 位左移指令

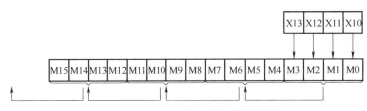

图 4.38　SFTLP 位左移指令示意图

④ SFTR 位右移、SFTL 位左移指令举例。

循环灯控制的例子，有 10 个灯，要求从左到右依次点亮，全部点亮后，又从右到左依次熄灭，直到全部熄灭后，又重新开始，如此循环，程序如图 4.39 所示。

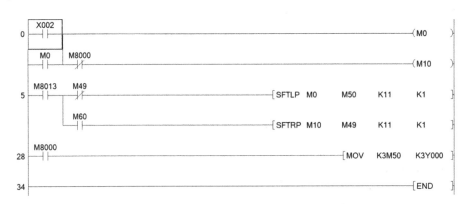

图 4.39　SFTR 位右移、SFTL 位左移指令举例

（2）ROL 左循环、ROR 右循环指令

① ROL 左循环、ROR 右循环指令格式。

② ROL 左循环、ROR 右循环指令功能。

循环指令类似移位指令，移动位数由 N 决定，但是没有溢出。其中目标操作数［D·］为 KnY、KnM、KnS、T、C、D、V、Z（KnY、KnM、KnS 中的 n 等于 4/8），N 为 K、H（16 位数据时 N 小于 K16，32 位数据时 N 小于 K32）。

③ ROL 左循环、ROR 右循环指令说明。

图 4.40 为循环右移指令梯形图，先给 D10 初始化，令其初始值为 H0001，注意要用脉冲指令触发，当 X000 接通时，D10 的数据向右移动 1 位，相当于 D10 的数据缩小了 1/2，再次接通 X000 时，D10 的数据就变成了 H8000，然后继续往右移动。

图 4.40　ROR 右循环指令梯形图

当 N=K4（或 K8）时，利用循环移位指令可以输出循环的波形信号，例如，有 A、B、C 3 个灯（代表"欢迎您"三个字），控制要求是 A、B、C 各轮流亮 1s，然后一起亮 1s，如此反复循环，如图 4.41 所示。

图 4.41　ROR 循环控制例子

4.2.5　数据运算指令

为了满足需要，有时需要对数据进行运算，运算指令有加、减、乘、除，字逻辑运算和求补等。

（1）ADD 加法指令

① ADD 加法指令格式。

② ADD 加法指令功能。

加法指令 ADD 是将两个源操作数［S1］和［S2］相加，最终结果放在目标操作数［D·］中。每个数据都是有符号数，二进制中最高位是符号位，"0"表示正数，"1"表示负数。源操作数［S1］和［S2］为 K、H、KnX、KnY、KnM、KnS、T、C、D、V、Z；目标操作数［D·］为 KnY、KnM、KnS、T、C、D、V、Z。

③ ADD 加法指令说明。

当两个源操作数相加的结果为 0 时，零标志位 M8020 就会变为 1；当 16 位运算相加的结果小于−32767（32 位运算相加结果小于−2147483648），借位标志位 M8021 会变为 1；当 16 位运算相加的结果大于 32767（32 位运算相加结果大于 2147483647），进位标志位 M8022 会变为 1。加法指令梯形图如图 4.42 所示。

注意：当运算结果往正方向溢出且最后结果又为零时，进位和零标志位会同时为 1，当结果往负方向溢出且最后结果又为零时，借位和零标志位会同时为 1。

扫一扫看视频

图 4.42　ADD 加法指令

（2）SUB 减法指令

① SUB 减法指令格式。

② SUB 减法指令功能。

减法指令 SUB 就是将两个源操作数［S1］和［S2］进行相减，最终将相减的结果放在目标操作数［D·］中。每个数据都是符号数，二进制中最高位是符号位，"0" 表示正数，"1" 表示负数。两个源操作数［S1］和［S2］为 K、H、KnX、KnY、KnM、KnS、T、C、D、V、Z；目标操作数［D·］为 KnY、KnM、KnS、T、C、D、V、Z。

③ SUB 减法指令说明。

减法指令与加法指令相同也有零标志位、借位标志位和进位标志位。当两个源操作数相减的结果为 0 时，零标志位 M8020 就会变为 1；当 16 位数相减的结果小于-32767（32 位数相减的结果小于-2147483648），借位标志位 M8021 会变为 1；当 16 位数相减的结果大于 32767（32 位数相减的结果大于 2147483647），进位标志位 M8022 会变为 1。减法指令如图 4.43 所示。

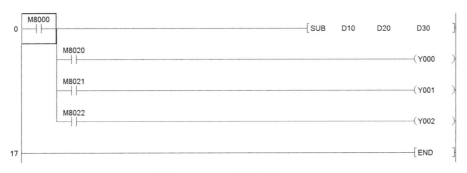

图 4.43　SUB 减法指令

注意：当结果出现往正方向溢出且最后结果又为零，进位和零标志位会同时为 1，当结果往负方向溢出且最后结果又为零，借位和零标志位会同时为 1。

④ 编写计算函数值 Y=3+29-5 的 PLC 程序。D10 存函数值 Y，梯形图如图 4.44 所示。

（3）MUL 乘法、DIV 除法指令

① MUL 乘法、DIV 除法指令格式。

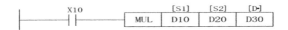

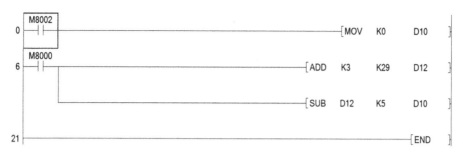

图 4.44　ADD 和 SUB 指令举例

② MUL 乘法、DIV 除法指令功能。

MUL 乘法指令（DIV 除法指令）是将两个源操作数［S1］和［S2］的乘积（商）送到目标操作数［D·］中。如果是 16 位乘法，乘积是 32 位；如果是 32 位，乘积是 64 位，数据的最高位是符号位。除法也有 16 位和 32 位除法，得到商和余数。如果是 16 位除法，商和余数都是 16 位，商在低位，而余数在高位。两个源操作数［S1］和［S2］为 K、H、KnX、KnY、KnM、KnS、T、C、D、V、Z（V、Z 只限于 16 位指令）；目标操作数［D·］为 KnY、KnM、KnS、T、C、D、V、Z。

③ MUL 乘法、DIV 除法指令说明。

如图 4.45 所示，如果是 16 位的乘法，若 D0 = 2，D1 = 4，执行乘法指令后，乘积是 32 位，占用 D4 和 D5，结果为 8；如果是 32 位的乘法，若（D10、D11）= 4，（D20、D21）= 5，执行乘法指令后，乘积是 64 位，占用 D33、D32、D31、D30，结果是 20。

图 4.45　MUL 乘法指令

如图 4.46 所示，若是 16 位除法，D0 = 7，D2 = 3，执行除法指令后，商为 2，放在 D4 中，余数为 1，放在 D5 中；若是 32 位除法，（D1、D0）= 7，（D3、D2）= 3，执行除法指令后，商为 32 位的 2，放在（D5、D4）中，余数为 1，放在（D7、D6）中。

图 4.46　DIV 除法指令

④ 编写计算函数值 Y = 10×12÷7+10 的 PLC 程序。D10 存储函数值 Y，梯形图如图 4.47 所示。

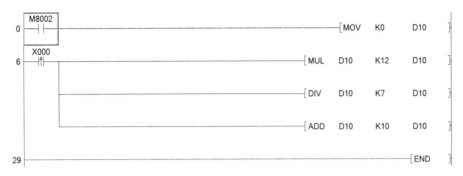

图 4.47　MUL 和 DIV 指令举例

（4）INC 递增、DEC 递减指令

① INC 递增、DEC 递减指令格式。

② INC 递增、DEC 递减指令功能。

INC 递增指令也称为加"1"指令，DEC 递减指令也称为减"1"指令。递增（递减）是将目标操作数 [D·] 的内容进行递增（递减）。其目标操作数为 KnY、KnM、KnS、T、C、D、V、Z。

③ INC 递增、DEC 递减指令说明。

在 INC 运算时，如数据是 16 位，则由+32767 再加 1 变为-32768；若为 32 位运算，则由+2147483647 再加 1 变为-2147483648。在 DEC 运算时，如数据是 16 位，则由-32768 再减 1 变为+32767；若为 32 位运算，则由-2147483648 再减 1 变为+2147483647，图 4.48 所示为递增、递减指令。

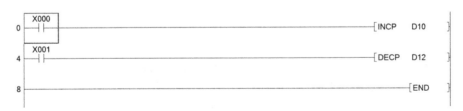

图 4.48　INC 递增、DEC 递减指令

（5）字逻辑运算指令（WAND、WOR、WXOR）

在学习字逻辑运算指令之前，应先搞懂与、或、或非三个的关系。举个例子，如图 4.49 所示。

如图 4.49 所示为与、或、或非之间的关系。当 X000 与 X002 同时接通时，Y000 接通输出，那么 X000 与 X002 的关系就是与关系；如果 X002 一直接通，不看 X002 的状态，当 X000 或者 X003 任意一个接通，Y000 接通输出，那么 X000 与 X003 的关系就是或关系；当 X004 接通，X005 不接通（外部按钮不动作），Y001 接通输出，或者 X004 不接通（外部按钮不动作），X005 接通，Y001 接通输出，那么 X004 与 X005 的关系就是或非关系。

图 4.49　与、或、或非之间的关系

① 字逻辑运算指令（WAND、WOR、WXOR）格式。

② 字逻辑运算指令（WAND、WOR、WXOR）功能。

与关系就是有 0 出 0（0 就是表示不接通、断开状态），就是说有一个以上的 0，就输出 0，WAND 为逻辑与运算指令。或关系就是有 1 出 1（1 就是表示接通、闭合状态），就是说有一个以上的 1，就输出 1，WOR 为逻辑或运算指令。或非关系就是相同出 0，相异出 1，全 0 出 0，WXOR 为逻辑或非指令。将两个源操作数［S1］和［S2］进行字逻辑运算，最终结果放在目标操作数［D·］中。其中源操作数［S1］和［S2］为 K、H、KnX、KnY、KnM、KnS、T、C、D、V、Z，目标操作数为 KnY、KnM、KnS、T、C、D、V、Z。

③ 字逻辑运算指令（WAND、WOR、WXOR）说明。

如图 4.50 所示，如果 D10＝B 0000 0000 0000 0110，D12＝B 0000 0000 0000 1110，执行 WAND 逻辑与指令后，最后将得到的结果放到 D14 中，则 D14＝B 0000 0000 0000 0110。若 D20＝B 0000 0000 0000 1111，D22＝B 0000 0000 0000 0011，执行 WOR 逻辑或指令后，最后将得到的结果放到 D24 中，则 D24＝B 0000 0000 0000 1111。若 D30＝B 0000 0000 0000 0101，D32＝B 0000 0000 0000 1011，执行 WXOR 逻辑或非指令后，最终将结果放在 D34 中，则 D34＝B 0000 0000 0000 1110。

图 4.50　字逻辑运算指令

（6）NEG 求补指令

① NEG 求补指令格式。

② NEG 求补指令功能。

求补码只有目标操作数 [D·]，它对目标操作数 [D·] 的内容中的每一位二进制数进行取反（0变1，1变0），再将取反的结果进行加1，最终将结果保存在此目标操作数中。

③ NEG 求补指令说明。

如图 4.51 所示，如果 D0 = B 0101 1010 1101 0011，对其进行取反得到 1010 0101 0010 1100，再将取反结果加1，最终 D0 = B 1010 0101 0010 1101。

图 4.51　NEG 求补指令

(7) SQR 求平方根指令

① SQR 求平方根指令格式。

② SQR 求平方根指令功能。

SQR 求平方根指令是将源操作数 [S·] 中的内容进行求平方根，最终将结果放在目标操作数 [D·] 中。源操作数 [S·] 为 K、H、D，源操作数大于等于0。目标操作数 [D·] 为 D。

③ SQR 求平方根指令说明。

当 X000 接通时，求 D10 数值的平方根运算，结果传送到 D20 中。如果出现小数，则小数部分舍去，负溢出标志位 M8021 接通；如果源操作数为负数，则执行指令会出现错误，指令不执行，错误标志位 M8067 会接通；如果结果为零，零标志位 M8020 会接通，如图 4.52 所示。

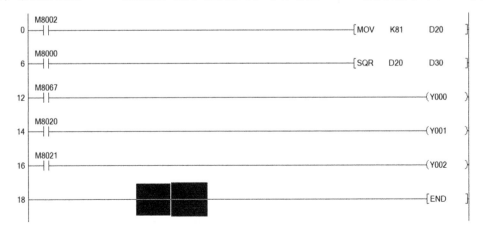

图 4.52　SQR 指令

4.2.6　数据处理指令

数据处理指令是用于处理复杂数据或作为满足特殊功能的指令。

（1）ZRST 区间复位指令

① ZRST 区间复位指令格式。

② ZRST 区间复位指令功能。

区间复位指令的功能是使目标操作数［D1］至［D2］区间的元件复位，［D1］和［D2］间指定的是同一类元件，一般［D1］的元件号小于［D2］的元件号，若［D1］的元件号大于［D2］的元件号，则只对［D1］复位。区间复位指令的目标操作数为 Y、M、S、T、C、D，［D1］应小于［D2］。

③ ZRST 区间复位指令说明。

M8002 初次上电接通一次扫描周期，用 ZRST 成批复位，将 M0～M10 这 11 个位元件全部复位，如图 4.53 所示。

图 4.53　ZRST 区间复位

上电之前，会将设备程序中的数据恢复到初始状态，数据也会全部清空。比如上电之前将顺序控制继电器全部复位到初始化状态，数据存储器中的数据全部清零，计数器也全部清零。

（2）SUM 置“1”位总数指令

① SUM 置“1”位总数指令格式。

② SUM 置“1”位总数指令功能。

SUN 置“1”位总数指令是将源操作数［S·］中的每个位为 1 的数量总和传送到目标操作数［D·］中。源操作数［S·］为 K、H、KnX、KnY、KnM、KnS、T、C、D、V、Z，目标操作数［D·］为 KnY、KnM、KnS、T、C、D、V、Z。

③ SUM 置“1”位总数指令说明。

如图 4.54 所示，当 X000 接通时，D10 的 16 个位状态为“1”的总数传送到 D20 中，如果 D10 中 16 个位状态没有“1”，那么 D20 的数值为 0 且零标志位 M8020 接通。

（3）BON 置“1”位判断指令

① BON 置“1”位判断指令格式。

图 4.54　SUM 置 "1" 位总数指令

② BON 置 "1" 位判断指令功能。

BON 置 "1" 位判断指令是指定源操作数 [S·] 中 16 位的第 N 位进行判断，是否为 1；第 N 位是 1，就将目标操作数 [D·] 输出接通，第 N 位是 0，那么目标操作数 [D·] 就为 0，不输出。

③ BON 置 "1" 位判断指令说明。

如图 4.55 所示，当 D10 的第 15 位为 1 时，Y000 输出接通；当 D10 的第 15 位为 0 时，Y000 就不输出。

图 4.55　BON 置 "1" 位判断指令

（4）MEAN 求平均值指令

① MEAN 求平均值指令格式。

② MEAN 求平均值指令功能。

求平均值指令 MEAN 是将源操作数 [S·] 开始的连续 N 个数相加，把相加得到的结果除以 N 得到的商传送给目标操作数 [D·]，余数自动舍弃。当源操作数 [S·] 超出范围时，在可能的范围内取值。当 N 超出 K1~K64 的范围，执行 MEAN 指令会出错。

③ MEAN 求平均值指令说明。

如图 4.56 所示，如果 D10＝1、D11＝2、D12＝3、D13＝4、D14＝5、D15＝6、D16＝7、D17＝8、D18＝9，将 D10 开始的连续 10 个数据寄存器里面的数据相加得 45，然后除以 10，得 4.5，把后面的小数点去掉 5，结果为 4，传送到 D40 中。

图 4.56　MEAN 求平均值指令

（5）ANS 信号报警设置、ANR 信号报警复位指令

① ANS 信号报警设置、ANR 信号报警复位指令格式。

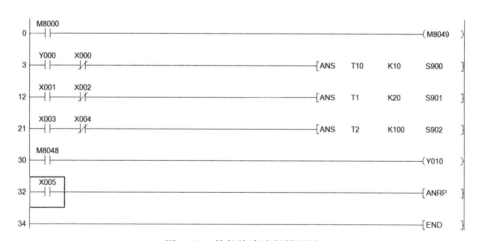

② ANS 信号报警设置、ANR 信号报警复位指令功能。

ANS 信号报警设置指令，当前使能接通，到达源操作数 [S·] 所设定值 M（也就是接通后到达设定时间）的时间后，目标操作数 [D·] 将输出置位报警。ANS 指令的源操作数 [S·] 为 T0~T199；设定值 M 为 K、H（1~32767）；目标操作数 [D·] 为 S900~S999。要想清除报警就要执行报警复位指令 ANR，报警复位一次只能复位一个报警，如果有多个报警，则每次由编号从小到大依次进行复位。

③ ANS 信号报警设置、ANR 信号报警复位指令说明。

ANS 和 ANR 指令主要用作外部故障诊断。在如图 4.57 所示的外部故障诊断梯形图中，因为特殊辅助继电器 M8049 为 ON，则可对特殊数据寄存器 D8049 的内容进行监视，而 D8049 指出 S900~S999 状态中已被置位状态的最小地址号，该地址号对应某个特定的外部故障。图 4.57 中，当 Y000 为 ON 和 X000 为 OFF 的时间达 1s，X001 为 ON 和 X002 为 OFF 的时间达 2s，X003 为 ON 和 X004 为 OFF 的时间达 10s 时的 3 个特定外部故障发生时，分别置位 S900、S901 和 S902。而当 S900~S902 中有 ON 时，则 M8048 自动为 ON，外部故障指示 Y010 接通，查 D8049 的内容即可知道外部故障原因。发生多个故障时，X005 每接通一次，将按从小到大的地址号依次复位小地址的故障信号，同时在 D8049 中可知道下一个故障地址号。未驱动特殊辅助继电器 M8049 时，信号报警器型状态器与普通型状态器一样使用。

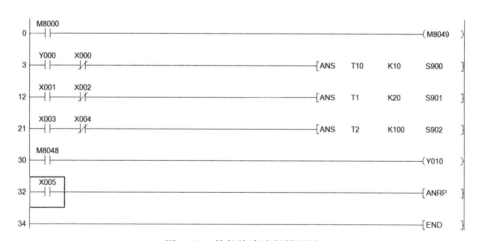

图 4.57　外部故障诊断梯形图

4.2.7　高速处理指令

（1）HSCS 高速计数器比较置位指令

① HSCS 高速计数器比较置位指令格式。

② HSCS 高速计数器比较置位指令功能。

高速计数器比较置位指令 HSCS 将源操作数［S1］的数值与源操作数［S2］（高速计数器）的当前值进行比较，当源操作数［S2］（高速计数器）的当前值大于等于源操作数［S1］的数值，目标位元件［D·］立即置位输出。源操作数［S1］为 K、H、KnX、KnY、KnM、KnS、T、C、D、V、Z；源操作数［S2］（高速计数器）为 C235～C255；目标位元件［D·］为 Y、M、S。

③ HSCS 高速计数器比较置位指令说明。

如图 4.58 所示，首先启用高速计数器 C235，设定值为 10；当高速计数器当前值大于等于设定值 10 时，Y000 立即置位输出。

图 4.58　HSCS 高速计数器比较置位指令

（2）HSCR 高速计数器比较复位指令

① HSCR 高速计数器比较复位指令格式。

② HSCR 高速计数器比较复位指令功能。

高速计数器比较复位指令将源操作数［S1］的数值与源操作数［S2］（高速计数器）的当前值进行比较，若源操作数［S2］（高速计数器）的当前值大于等于源操作数［S1］的数值，那么目标操作数［D·］立即复位。源操作数［S1］为 K、H、KnX、KnY、KnM、KnS、T、C、D、V、Z；源操作数［S2］（高速计数器）为 C235～C255；目标操作数［D·］为 Y、M、S。

③ HSCR 高速计数器比较复位指令说明。

如图 4.59 所示，首先一上电将 Y000 线圈置位输出，启用高速计数器 C235，设定值为 12，当高速计数器的当前值大于等于 12 时，立即将 Y000 复位清零。

图 4.59　HSCR 高速计数器比较复位指令

（3）HSZ 高速计数器区间比较指令

① HSZ 高速计数器区间比较指令格式。

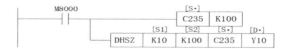

② HSZ 高速计数器区间比较指令功能。

高速计数器区间比较指令 HSZ 是将高速计数器的当前值［S·］与两个源操作数［S1］和［S2］进行区间比较（其中源操作数［S1］小于［S2］）。当高速计数器的当前值［S·］小于源操作数［S1］时，目标操作数［D·］置位输出；当高速计数器的当前值［S·］大于源操作数［S1］且小于源操作数［S2］时，目标操作数［D·］+1 位置位输出；当高速计数器的当前值［S·］大于源操作数［S2］时，目标操作数［D·］+2 位置位输出。注意高速计数器区间比较，每次只有一个目标操作数置位输出。

③ HSZ 高速计数器区间比较指令说明。

如图 4.60 所示，当高速计数器当前值小于 K10 时，Y000 置位输出；当高速计数器当前值大于 K10 且小于 K30 时，Y001 置位输出；当高速计数器当前值大于 K30 时，Y002 置位输出。任何时候只有一个输出状态。

图 4.60　HSZ 高速计数器区间比较指令

（4）SPD 脉冲速度检测指令

① SPD 脉冲速度检测指令格式。

② SPD 脉冲速度检测指令功能。

脉冲速度检测指令是在指定的时间内，检测编码器的脉冲输入个数，并计算速度。第一个源操作数［S1］指定输入脉冲的端子 X0～X5，第二个源操作数［S2］指定测量的时间（单位为 ms），最后将在测量的时间内采集到的脉冲数量存入到目标操作数［D·］中。其中源操作数［S1］为 X0～X5；源操作数［S2］为 K、H、KnX、KnY、KnM、KnS、T、C、D、V、Z；目标操作数［D·］为 T、C、D、V、Z。

③ SPD 脉冲速度检测指令说明。

注意：D0 中的结果不是速度值，是 100ms 内采集到的脉冲个数，与速度成正比。X000用于测量速度后不能再做输入使用；当指定一个目标操作数后，连续 3 个存储器被占用，如图 4.61 中的 D0、D1、D2 被占用。

④ SPD 脉冲速度检测指令举例。

图 4.61　SPD 脉冲速度检测指令

用脉冲速度检测指令 SPD 测量 1min 编码器的转速，X000 用于脉冲输入，测量的时间为 100ms。最终将 100ms 采集到的脉冲总数放在 D10 中，比如编码器的分辨率为 400（也就是转一圈编码器输出 400 个脉冲信号），将采集到的 100ms 内的脉冲总数乘以 600 就是 1min 的脉冲总数，再除以编码器的分辨率，将得到最终的结果放 D14，那么 D14 就是 1min 转的圈数，如图 4.62 所示。

图 4.62　用 SPD 测转速程序

4.2.8　方便指令

① ALT 交替输出指令格式。

② ALT 交替输出指令功能。

ALT 交替输出指令中目标操作数 ［D·］随着驱动条件（也就是 X000 的通断）的改变而改变输出的状态，其中目标操作数为 Y、M、S。

③ ALT 交替输出指令说明。

交替输出指令 ALT 是将目标操作数的状态随着驱动条件每次的改变而改变。如图 4.63 所示，当 X000 接通第一次时，M0 启动；当 X000 接通第二次时，M0 停止。在应用时，用

图 4.63　ALT 交替输出指令

交替输出指令可以完成单按钮控制一盏灯的亮灭。

4.2.9　时钟指令

扫一扫看视频

（1）TRD 读取时钟指令

① TRD 读取时钟指令格式。

② TRD 读取时钟指令功能。

读取时钟指令 TRD 是将 PLC 的时间读取出来传送到从目标操作数 [D·] 开始的连续 7 个数据寄存器中，这连续的 7 个数据寄存器分别是年、月、日、时、分、秒、星期。目标操作数 [D·] 为 D。

③ TRD 读取时钟指令说明。

如图 4.64 所示将 PLC 的时间读取出来，如果现在的时间是 2020 年 4 月 23 日 12 点 36 分 12 秒，星期四，那么 D10 里面就是年份 20，D11 就是月份 4，D12 就是 23 日，D13 就是小时 12，D14 就是分钟 36，D15 就是秒钟 12，D16 就是星期四。读取时钟指令会占用目标操作数连续的 7 个数据寄存器。

图 4.64　读取时钟指令（一）

用读取时钟指令，在每天的早上 6 点设定设备维护的闹铃，时间为 1 分钟，如图 4.65 所示。

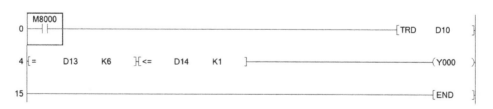

图 4.65　读取时钟指令（二）

（2）TCMP 时钟数据比较指令

① TCMP 时钟数据比较指令格式。

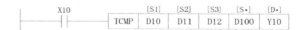

② TCMP 时钟数据比较指令功能。

源操作数 [S1]、[S2] 和 [S3] 分别是时间，将读取出来的时间放在 [S·] 中，对应相应的时间格式进行比较（小时对应小时，分钟对应分钟分别进行比较），比较的结果用

[D·] 来表示。其中源操作数 [S1]、[S2] 和 [S3] 为 K、H、KnX、KnY、KnM、KnS、T、C、D、V、Z；源操作数 [S·] 为 T、C、D；目标操作数 [D·] 为 Y、M、S。

③ TCMP 时钟数据比较指令说明。

如图 4.66 所示，先将时间读取出来，放在连续 7 个数据寄存器中。其中 K8 代表小时，K30 代表分钟，K0 代表秒。当 X000 接通，在 0 时 0 分 0 秒至 8 时 30 分 0 秒之前 Y000 接通；当时间刚好为 8 时 30 分 0 秒时 Y001 接通；在时间为 8 时 30 分 0 秒至 23 时 59 分 59 秒之前 Y002 接通。

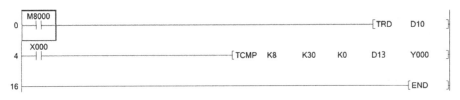

图 4.66　TCMP 时钟数据比较指令（一）

在图 4.67 所示的程序中，当 X010 接通，在 0 时 0 分 0 秒至 8 时 30 分 0 秒之间 Y010 接通，当刚好等于 8 时 30 分 0 秒时 Y011 接通，在 8 时 30 分 0 秒至 23 时 60 分 60 秒之间 Y012 接通。

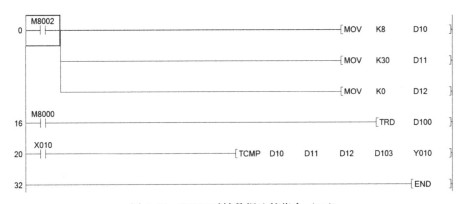

图 4.67　TCMP 时钟数据比较指令（二）

（3）TZCP 时钟数据区间比较指令。

① TZCP 时钟数据区间比较指令格式。

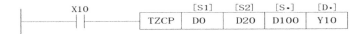

② TZCP 时钟数据区间比较指令功能。

时钟数据区间比较指令是将读取的时间在一段时间内进行比较。将源操作数 [S·]（读取的时间）在源操作数 [S1] 和 [S2] 之间（也就是设定的时间段）进行比较，比较的结果用目标操作数 [D·] 的状态表示。其中源操作数 [S·]、[S1] 和 [S2] 为 T、C、D（[S1]≤[S2]）；目标操作数 [D·] 为 Y、M、S。

③ TZCP 时钟数据区间比较指令说明。

将时间 5 点 30 分 0 秒放在 D100 中，将时间 12 点 59 分 0 秒放在 D110 中。与读取的

PLC 的时间 D120 进行比较，比较的结果用 Y010、Y011、Y012 三个位地址的状态表示，如图 4.68 所示。

图 4.68　TZCP 时钟数据区间比较指令

④ TZCP 时钟数据区间比较指令举例。

如图 4.69 所示，在 TZCP 时钟数据区间比较中，先设定要进行比较的源操作数和读取时钟的指令，再进行时间比较。比如在制作某一原料时，早上 0 时 0 分进行加注原料 A，中午 5 时 30 分停止加注原料 A，开始加注原料 B，中午 12 时停止加注原料 B，开始搅拌并静置加工。

如图 4.69 所示，当时间在 0 时 0 分 0 秒至 5 时 30 分 0 秒时，接通 Y000，时间在 5 时 30 分 0 秒（包含 5 时 30 分 0 秒）至 12 时 0 分 0 秒之间时接通 Y001，时间在 12 时 0 分 0 秒至 23 时 59 分 59 秒时接通 Y002。

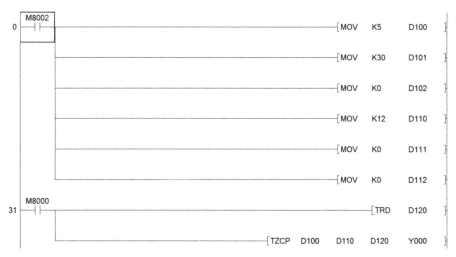

图 4.69　TZCP 时钟数据区间比较指令举例

4.2.10　程序流指令

程序流指令主要用于程序的结构及流程控制，这类指令包括跳转、子程序调用、中断子程序和循环程序等。

（1）FOR 循环指令

循环指令是一段程序的循环执行，循环的次数由 N 来确定。主要部分是由 FOR 和 NEXT 构成程序的循环体。FOR 指令是循环程序的开始，NEXT 指令是循环程序的结束。循环指令如图 4.70 所示。

如图 4.70 所示，程序执行时，程序段 0（FOR 指令开始）和程序段 7（NEXT 指令结束）之间的程序循环执行 8 次。

图 4.70　循环指令

需要注意的是，循环指令最多可以嵌套 5 层其他循环指令；NEXT 指令不能用在 FOR 指令之前；NEXT 指令不能用在 FEND（主程序结束）和 END（程序结束指令）之后；FOR 和 NEXT 搭配使用，不能只有 FOR 指令，没有 NEXT 指令；NEXT 没有目标元件。

（2）CJ 条件跳转指令

条件跳转指令 CJ 是指一段程序的跳转（或者一段程序不执行），并非跳转到子程序或中断子程序中。跳转操作元件指针是 P0 至 P127（标号）。条件跳转指令是只有当前面的驱动条件接通时，才执行跳转。如图 4.71 所示。

扫一扫看视频

图 4.71　CJ 条件跳转指令

当 X000 接通时，程序段 4 就不执行，那么每个扫描周期 D0 的数据都不会进行加一，直接执行下一步程序。当 X000 不接通时，那么 D0 的数据每个周期都会进行加一，然后再继续往下进行。

注意：在使用条件跳转指令时，跳转标号在一个程序里只能使用一次，否则将出错；如果跳转开始时，定时器和计数器已在工作，则在执行跳转期间它们将停止工作，直到跳转条件不满足后又继续工作。但对于正在工作的定时器 T192~T199 和高速计数器 C235~C255 不管有无跳转仍连续工作。在跳转执行期间，即使被跳过程序的驱动条件不变，但其线圈（或结果）仍保持跳转前的状态，因为跳转期间根本没有执行这段程序；若积算定时器和计数器的复位指令 RST 在跳转区外，即使它们的线圈被跳转，但对它们复位仍然有效。

（3）FEND 主程序结束指令

FEND 表示主程序结束，执行 FEND 指令的动作与执行 END 指令的动作相同，都可以执行输出刷新、输入扫描和向 0 步返回。FEND 指令在主程序可以出现多次，END 指令是整个程序（包括主程序、子程序和中断子程序）的结束，在整个程序的最后出现一次。

（4）CALL 子程序调用、SRET 子程序返回

子程序写在主程序之后，子程序的标号应写在 FEND 之后，且子程序结束后必须以 SRET 指令结束。

若子程序中再次使用 CALL 调用子程序，则形成子程序嵌套。包括第一条 CALL 指令在内，子程序嵌套最多不大于 5 级。子程序调用与子程序返回如图 4.72 所示。当 X000 接通时，调用子程序，K10 被传送到 D0 中，然后返回到主程序，D0 中的 K10 传送到 D2 中。

图 4.72　子程序调用与返回

（5）EI 允许中断、DI 禁止中断、IRET 中断子程序返回指令

中断是计算机特有的工作方式，指在主程序的执行过程中，中断主程序，去执行中断子程序。中断子程序是为某些特定的控制功能而设定的。与前面的子程序不同，中断是为随机发生的且必须立即响应的事件安排的，其响应时间应小于机器周期。引发中断的信号叫中断源。

FX 系列 PLC 的中断事件可分为三大类，即输入中断、计数器和定时中断。下面分别予以介绍。

① 输入中断。外部输入中断通常是用来引入发生频率高于机器扫描频率的外部控制信号，或者用于处理那些需要快速响应的信号。输入中断和特殊辅助继电器（M8050～M8055）相关，M8050～M8055 的接通状态（1 或者 0）可以实现对应的中断子程序是否允许响应的选择，其对应关系见表 4.2。

表 4.2　指针编号与输入编号对应关系

序　号	输入编号	指针编号		禁止中断指令
		上　升　沿	下　降　沿	
1	X000	I001	I000	M8050
2	X001	I101	I100	M8051
3	X002	I201	I200	M8052
4	X003	I301	I300	M8053
5	X004	I401	I400	M8054
6	X005	I501	I500	M8055

用一个例子来解释输入中断的应用，如图 4.73 所示，主程序在前面，而中断子程序在后面。当 X010＝OFF（断开）时，特殊辅助继电器 M8050 为 OFF，所以中断子程序不禁止，也就是说与之对应的标号为 I1 的中断子程序允许执行，即每当 X000 接收到一次上升沿中断申请信号时，就执行中断子程序一次，使 Y0＝ON；从而使 Y002 每秒接通和断开一次，中断子程序执行完成后返回主程序。

② 定时器中断。定时器中断就是每隔一段时间（10～99ms），执行一次中断子程序。特殊辅助继电器 M8056～M8058 与输入编号的对应关系见表 4.3。

图 4.73　输入中断子程序的应用

表 4.3　M8056~M8058 与输入编号的对应关系

序　号	输入编号	中断周期（毫秒）	禁止中断指令
1	I6□□	在指针名称的□□中，输入 10~99 的整数，I610 = 每 10ms 执行一次定时器中断	M8056
2	I7□□		M8057
3	I8□□		M8058

用一个例子来解释定时器中断的应用，如图 4.74 所示，主程序在前面，而中断子程序在后面。当 X001 闭合，M0 置位，每 10ms 执行一次定时器中断子程序，D0 的内容加 1，当 D0 = 100 时，M1 = ON，M1 常闭触点断开，D0 的内容不再增加。

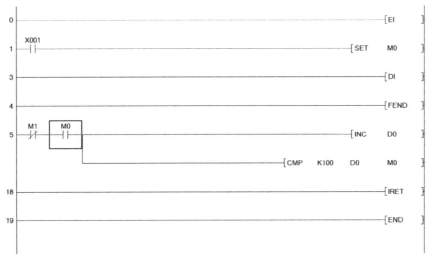

图 4.74　定时器中断子程序

③ 计数器中断。计数器中断是用 PLC 内部的高速计数器对外部脉冲计数，若当前计数值与设定值进行比较相等时，执行子程序。计数器中断子程序常用于利用高速计数器计数进行优先控制的场合。因为计数器中断用得比较少，本文不做详细介绍。

计数器中断指计为 10□0（□=1~6）共 6 个，它们的执行与否会受到 PLC 内特殊辅助继电器 M8059 状态控制。

第 5 章

运 动 控 制

5.1 定位控制的基本知识

定位控制是指当控制器发出控制指令后使运动件（如机床工作台）按指定速度完成指定方向上的指定位移。定位控制是运动量控制的一种，又称位置控制、点位控制，在本书中统称为定位控制。

定位控制应用非常广泛，如机床工作台的移动，电梯的平层、定长处理，立体仓库的操作机取货、送货及各种包装机械、输送机械等。和模拟量控制、运动量控制一样，定位控制已成为当今自动化技术的一个重要内容。

早期的定位控制是利用限位开关来完成的。在需要停止的位置安装一个限位开关（可以是行程开关、接近开关或光电开关等），当运动物体（如工作台）在运动过程中碰到（或接近）限位开关时便切断电动机的电源，使工作台自由滑行直至停止，如图 5.1 所示。

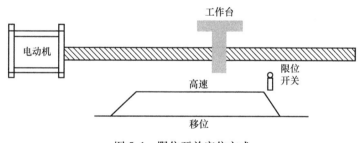

图 5.1　限位开关定位方式

这种定位控制方式简单，仅需一个限位开关即可。其缺点是定位精度极差，因为物体自由滑行直至停止，拖动系统完全处于自由制动惯性状态，停机时间完全由系统的惯性决定，而系统的惯性与负荷的大小、滑行阻力等有关，很难准确把握，所以其停止位置是不确定的。通过加装制动装置来提高定位精度，虽然效果要好一点，但制动装置在某些工况下是不允许用的，而且维护也不方便，定位精度仍然不能满足要求。本章主要讲述脉冲输出、机械回原点、绝对定位和相对定位等运动控制功能。

5.1.1 脉冲的输出方式

随着电子技术和计算机技术的快速发展，特别是交流变频调速技术的发展，产生了交流伺服数字控制系统。交流伺服驱动器是一个带有 CPU 的智能装置，它不但可以接收外部模拟信号，而且可以直接接收外部脉冲信号而完成定位控制功能。因此，目前在定位控制中，不论是步进电动机还是伺服电动机，基本上都是采用脉冲信号控制的。采用脉冲信号作为定位控制信号，其优点是：①系统的精度高。只要减小脉冲当量就可以提高精度，而且精度可以控制，这是模拟量控制无法做到的；②抗干扰能力强，只要适当提高信号电平，干扰影响就很小，而模拟量在低电平时抗干扰能力较差；③成本低廉、控制方便，定位控制只要一个能输出高速脉冲的装置即可，调节脉冲频率和输出脉冲数就可以很方便地控制运动速度和位移，程序编制简单、方便。本书所介绍的就是采用脉冲信号作为定位控制信号和基于伺服电动机、步进电动机作为执行元件的定位控制系统。

（1）脉冲+方向控制

如图 5.2 所示，这种控制方式是：一个脉冲输出高速脉冲，脉冲的频率控制运动的速度，脉冲的个数控制运动的位移；另一个脉冲控制运动方向。这种控制方式的优点是只需要一个高速脉冲输出口，但方向控制的脉冲状态必须在程序中给予控制。

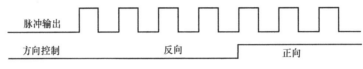

图 5.2 脉冲+方向控制

（2）正/反向脉冲控制

这种控制方式通过两个高速脉冲控制物体的运动，这两个脉冲的频率一样，其中一个为正向脉冲，另一个为反向脉冲，如图 5.3 所示。与脉冲+方向控制相比，这种方式要占用两个高速脉冲输出口，而 PLC 的高速脉冲输出口本来就比较少，因此这种方式在 PLC 中很少采用，PLC 中采用的大多是脉冲+方向控制方式。这种脉冲控制方式一般在定位模块或定位单元中作为脉冲输出的选项而被采用。

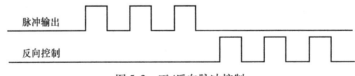

图 5.3 正/反向脉冲控制

（3）双相（A-B）脉冲控制

这种控制方式也需要两个高速脉冲串，但它与正/反向脉冲控制方式不同。正/反向控制脉冲在一个时间里只能出现一个方向的脉冲，不能同时出现两个脉冲控制。而双相（A-B）脉冲控制是 A 相和 B 相脉冲同时输出的，这两个脉冲的频率相同，其方向控制是由 A 相和 B 相的相位关系决定的，当 A 相超前 B 相相位 90°时为正向，当 B 相超前 A 相相位 90°时为反向。

（4）差动线驱动脉冲控制

差动线驱动又称差分线驱动。上面所介绍的 3 种脉冲输出方式在电路结构上不管是采用集电极开路输出还是电压输出电路，其本质上都是一种单端输出信号，即脉冲信号的逻辑值是由输出端电压所决定的（信号地线电压为 0）。差分信号也是两根线传输信号，但这两个信号的振幅相等、相位相反，称之为差分信号。当差分信号送到接收端时，接收端通过比较这两个信号的差值来判断逻辑值"0"或"1"。

5.1.2　PLC 定位控制系统

图 5.4 所示为采用步进电动机或伺服电动机为执行元件的定位控制系统，图中，控制器为发出定位控制命令的装置，其主要作用是通过编制程序下达控制指令，使步进电动机或伺服电动机按控制要求完成位移和定位。控制器可以是单片机、工控机、PLC 和定位模块等。驱动器又叫放大器，其作用是把控制器送来的信号进行功率放大，用于驱动电动机运转，根据控制命令和反馈信号对电动机进行连续位置控制。可以说，驱动器是集功率放大和定位控制为一体的智能装置。

使用 PLC 作为定位控制系统的控制器已成为当前应用的一种趋势。目前，PLC都能提供一轴或多轴的高速脉冲输出及高速硬件计数器，许多 PLC 还设计有多种脉冲输出指令和定位指令，使定位控制的程序编制十分简易、方便，与驱动器的硬件

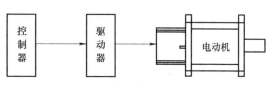

图 5.4　定位控制系统组成

连接也十分简单。特别是 PLC 用户程序的可编性，使 PLC 在定位控制中如鱼得水，得心应手。

PLC 控制步进或伺服驱动器进行定位控制大致有以下方式：通过数字 I/O 方式进行控制，通过模拟量输出方式进行控制，通过通信方式进行控制和通过高速脉冲方式进行控制。通过输出高速脉冲进行定位控制是目前比较常用的方式。PLC 的脉冲输出指令和定位指令都是针对这种方法设置和应用的。输出高速脉冲进行定位控制又有 3 种控制模式。

1. 开环控制

当用步进电动机进行定位控制时，由于步进电动机没有反馈元件，因此控制是一个开环控制。步进电动机运行时，控制系统每发出 1 个脉冲信号，该脉冲信号通过驱动器就使步进电动机旋转 1 个角度（步距角）。若连续发出脉冲信号，则转子就一步一步地转过一个一个角度，故称步进电动机。根据步距角的大小和实际走的步数，只要知道其初始位置，便可知道步进电动机的最终位置。每输入 1 个脉冲，电动机旋转 1 个步距角，电动机总的回转与输入脉冲数成正比，所以控制步进脉冲的个数可以对电动机精确定位。同样，每输入一个脉冲，电动机旋转 1 个步距角，当步距角大小确定后，电动机旋转 1 周所需的脉冲数是一定的，所以步进电动机的转速与脉冲信号的频率成正比。控制步进脉冲信号的频率可对电动机精确调速。步进电动机作为一种控制用的特种电动机，因其没有累积误差（精度为 100%）而广泛应用于各种开环控制。步进电动机的缺点是：控制精度较低；电动机在较高速或大惯量负载时，会造成失步（电动机运转时运转的步数不等于理论上的步数称为失步），特别是步进电动机不能过载运行，哪怕是瞬间，都会造成失步，严重时停转或不规则地原地反复运动。

2. 半闭环回路控制

当用伺服电动机做定位控制执行元件时，由于伺服电动机末端带有一个与电动机同时运动的编码器。当电动机旋转时，编码器就发出表示电动机转动状况（角位移量）的脉冲个数。编码器是伺服系统的速度和定位控制的检测和反馈元件。根据反馈方式的不同，伺服定位系统又分为半闭环回路控制和闭环回路控制两种控制方式。在系统中，PLC 只负责发送高速脉冲指令给伺服驱动器，而驱动器、伺服电动机和编码器组成一个闭环回路。PLC 发出定

位脉冲指令后电动机开始运转，同时编码器也将电动机的运转状态（实际位移量）反馈至驱动器的偏差计数器中。通过比较目标位置和电动机的实际位置，利用两者的偏差通过伺服驱动器中的定位控制器来产生电动机速度的调节指令，当偏差较大时，产生指定的速度指令，当偏差较小时，产生逐次递减的速度指令，使电动机减速运行。当编码器所反馈的脉冲个数与定位脉冲指令的脉冲个数相等时偏差为 0，电动机马上停止转动，表示定位控制的位移量已经达到。

这种控制方式简单且精度足够（适合于大部分的应用）。为什么称为半闭环呢？这是因为编码器反馈的不是实际经过传动机构的真正位移量（工作台），并且反馈也不是从输出（工作台）到输入（PLC）的闭环，所以称作半闭环。它的缺点也是因为不能真正反映实际经过传动机构的真正位移量，所以当机构磨损、老化或不良时就没有办法给予检测或补偿。和步进电动机一样，伺服电动机总的回转角与输入脉冲数成正比，控制定位脉冲的个数可以对电动机精确定位；电动机的转速与脉冲信号的频率成正比，控制定位脉冲信号的频率可以对电动机精确调速。

3. 闭环回路控制

在闭环回路控制中，除了装在伺服电动机上的编码器将位移检测信号直接反馈到伺服驱动器外，在某些伺服的装置上还另外加装位移检测器（数显标尺），来实时反应移动的位置，并将此信号反馈到 PLC 内部的高速硬件计数器，这样就可进行更精确的控制，并且可避免上述半闭环回路的缺点。

在定位控制中，一般采用半闭环回路控制就能满足大部分控制要求，除非是对精度要求特别高的定位控制才采用闭环回路控制。PLC 中的各种定位指令也是针对半闭环回路控制的。

5.1.3　原点和零点

在定位控制系统中，工件的运动可以定义在坐标系中运动，这样坐标系中的原点就是工件运动的起始位置。对于这个起始位置，在定位控制中经常会碰到机械原点、电气原点、机械零点和电气零点等术语。由于目前对这些术语并没有一个统一的定义和说明，往往同一术语不同资料中有不同的讲解，而对同一讲解术语却不同，初学者对此十分困惑。

机械原点的叫法最早出现在数控机床、加工中心等高精度自动化设备上。这些设备加工精度很高，在其加工程序的编制中，各种数据都是以坐标的数值来标明的。有了坐标系统，必定有坐标的起始位置，这就是坐标的原点，原点一旦确定，各种加工数据都以原点为参考点核算的，这个原点就是设备的机械原点，设备在每加工一批工件前都必须进行原点回归。因此，机械原点是设备本身所固有的，一旦设备装配好，其机械原点的位置也就确定了。

一般来说，设备的机械原点是通过各种无源或有源开关来确定的，由于这些开关精度有限，加之工件为高速回归，就产生了原点重置性较差的问题，也就是每次原点回归的原点位置会不完全一样，这就影响了高精度的加工。为了解决机械原点重置性较差的问题，人们采用了开关加编码器 Z 相脉冲来确定原点位置的方式。这种方式的原点是这样确定的：在工件上附加一个挡块（俗称 DOG 块），当工件进行原点回归时，先以高速向原点方向运动。当DOG 块的前端碰到原点开关（俗称 DOG 开关、近点开关）后马上减速至低速运行。当 DOG块的后端离开 DOG 开关时开始对编码器的零相（Z 相）脉冲进行计数，计数到设定的数值后停止。停止点为原点位置。

采用这种方式后原点重置性变好了，原点位置的精度也提高了，但该原点仅与机械原点相近，并不与机械原点重合。采用这种方式，原点位置仅与 DOG 块和 DOG 开关及 Z 相脉冲数有关，当 DOG 块和 DOG 开关安装完毕，且 Z 相脉冲设置后，原点位置就已确定。把这个由开关加编码器的方式所确定的原点称为电气原点。

机械原点是设备原有的坐标原点，而电气原点则是所有加工数据的参考点，也可以是工作的起始位置。机械原点和电气原点并不是一个点，它们并不重合，电气原点位置非常灵活，用户可以很方便地进行调整，但一般情况下，为保证工件运行较大的行程，总是把电气原点设在靠近机械原点的地方。

在定位控制中，所有的加工工件位置数据都是以相对于电气原点的绝对位置值存放在一个指定的数据寄存器中，称为工件位置当前值寄存器 CP，其内容是随工件位置变化而变化的。显然，对电气原点来说，CP 的值应为 0。但是，在定位控制中，位置都是相对的，绝对位置是相对于电气原点（CP=0）而言的，而相对位置则是相对于当前位置（CP≠0）而言的。那么，在实际操作中，是不是一定要把原点位置定于如上所述的电气原点位置呢？也就是说，是不是一定要把原点位置的值设为 0 呢？

了解了绝对位置值 CP 是相对于 CP=0 的点的位置这个道理后就可以知道，CP=0 的点位置是可以在定位控制的有效行程内任一点位置设置的，其必要条件是确定好这个位置后，其当前值数据寄存器值必须为 0，这种可在任意点设置为 CP=0 的点为与电气原点相区别，把它称为电气零点。意思是当前值 CP=0 的点。这时，电气原点的绝对位置值就不为 0，而是与电气零点存在一定距离的绝对位置值，这个值根据它与电气零点相对位置关系可正可负。

电气原点与电气零点的区别是：电气原点是在控制中执行了原点回归指令（有一定要求和步序）后所回到的点，这个点是固定的。仅与外部设置（DOG 块，DOG 开关）和内部设置（零相脉冲数）有关，一旦确定不再变化；而电气零点是在当前值寄存器数据 CP=0 的点，它可以在任意点设置。改变电气原点的当前绝对地址值，相当于改变电气零点的位置。在实际定位控制中，常常把电气原点的绝对地址值设为 0，这时电气原点和电气零点合二为一，为同一点，一般统称为原点。在本书以后的讲解中，如果没有特殊说明，所指原点、原点回归均是指这种合二为一的电气原点。

如果在一个定位控制运动中，所有的位置数据都是用相对位置来完成的，这时工件的起始位置当前值 CP 是不是 0 就不重要了，因为它不影响工件的定位。也就是说，当工件在全部控制过程中均采用相对定位方式来完成定位控制时，就不需要强调其起始位置值是多少，只要是满足控制要求的点均可，这种对工件加工起始位置 CP=0 的点称为机械零点。

综上所述，机械原点是指设备出厂时所指定的坐标零点位置，电气原点则是专指应用原点回归指令后所停止的点。而电气零点则是当前值 CP=0 的工件加工起始位置，机械零点则是指当前值 CP 不为 0 的工件加工起始位置点，而在一般应用中，把电气原点与电气零点合二为一的点统称为原点，本书也不例外。

5.1.4　指令完成标志位 M8029

指令完成标志位 M8029 的功能是当指令执行完成后 M8029 为 ON，M8029 并不是所有指令的完成标志位，在本章中仅对 PLSV、PLSY、DSZR、DRVI、DRVA 有效，这些指令的共同特点是执行时间比较长，且带有执行时间的不确定性，如果想要知道这些指令什么时候执行完毕，或者某些程序中的数据运算处理或者是驱动要等到指令执行完毕才能继续，这时的 M8029 就能发挥其作用了。

如果在一个程序里，有多个指令要使用 M8029 完成标志位，那么其所书写的位置就非常重要了。在编制程序中，M8029 要紧随指令正下方，这样 M8029 才会随着各自的指令而置 ON。M8029 只和本条指令有关。

在定位控制中，M8029 主要的作用是当上一段定位完成后，利用 M8029 断开上一段定位控制的驱动条件和启动下一个定位控制指令，如图 5.5 所示。

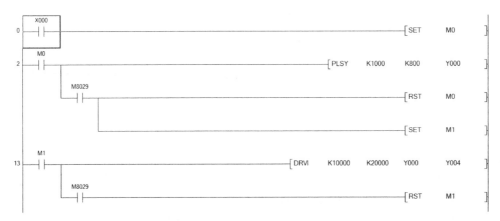

图 5.5　M8029 的使用

切记，M8029 的位置不能连接左母线，如果连接左母线，一个指令完成了，所有的 M8029 都会动作。

 ## 5.2　伺服驱动器和伺服电动机

5.2.1　伺服驱动器

在交流伺服控制系统中，控制器所发出的脉冲信号并不能直接控制伺服电动机的运转，需通过一个装置来控制电动机的运转，这个装置就是交流伺服驱动器，简称伺服驱动器。伺服驱动器又叫放大器，它的作用是把控制器送来的信号进行转换并将功率放大，驱动电动机运转，根据控制命令和反馈信号对电动机进行连续速度控制，可以说，驱动器是集功率放大和位置控制为一体的智能装置。伺服驱动器对伺服电动机的作用类似于变频器对普通三相交流感应电动机的作用，因此，把伺服驱动器和变频器进行比较分析有助于更好地理解伺服驱动器。伺服电动机和伺服驱动器外形如图 5.6 所示。

从原理上讲，它们都采用变频控制技术，但变频器的本质是通过改变感应电动机的供电频率来达到改变电动机转速的目的的，而伺服驱动器则是通过变频技术来实现位置的跟随控制，其速度和转矩调节均是服务于位置控制的。

从控制方式来看，变频器的控制方式较多，有开环 V/F 控制、闭环 V/F 控制、转差频率控制及有速度传感器和无速度传感器的矢量控制等方式，但基本上常用的是开环 V/F 控制方式。而伺服驱动器的常用控制方式为带编码器反馈的半闭环矢量控制方式。

从所采用的控制信号形式来说，变频器多数采用模拟量信号作为控制信号，而伺服驱动

器则是采用脉冲信号（数字量信号）作
为控制信号。

伺服驱动器的控制电路比变频器复
杂得多，变频器的基本应用是开环控
制，当附加编码器并通过 PG 反馈后才
形成闭环控制。而伺服驱动器的 3 种控
制方式均为闭环控制，现将伺服驱动器
的 3 种控制方式介绍如下。

1）转矩控制。通过外部模拟量的
输入或对直接地址赋值来设定电动机轴
对外输出转矩的大小，主要应用于需要
严格控制转矩的场合。转矩控制由电流

图 5.6　伺服电动机和伺服驱动器

环组成。在变频器中采用编码器的矢量控制方式就是电流环控制。电流环又叫伺服环，当输
入给定转矩指令后，驱动器将输出恒定转矩。如果负载转矩发生变化，电流检测和编码器将
把电动机运行参数反馈到电流环输入端和矢量控制器，通过调节器和控制器自动调整电动机
的转速变化。

2）速度控制。通过模拟量的输入或脉冲的频率对转动速度的控制为速度控制。速度控
制是由速度环完成的，当输入速度指令后，由编码器反馈的电动机速度被送到速度环的输入
端与速度指令进行比较，其偏差经过速度调节器处理后通过电流调节器和矢量控制器电路来调
节逆变功率放大电路的输出使电动机的速度趋近指令速度，且保持恒定。速度调节器实际上是
一个 PID 控制器。对 P、I、D 控制参数进行整定就能使速度恒定在指令速度上。速度环虽然包
含电流环，但这时电流并没有起输出转矩恒定的作用，仅起到输入转矩限制功能的作用。

3）位置控制。位置控制是伺服中最常用的控制，位置控制模式一般是通过外部输入脉
冲的频率来确定转动速度大小的，通过脉冲的个数确定转动的角度，所以一般应用于定位装
置。位置控制由位置环和速度环共同完成。在位置环输入位置指令脉冲，而编码器反馈的位
置信号也以脉冲形式送入输入端，在偏差计数器进行偏差计数，计数的结果经比例放大后作
为速度环的指令速度值，经过速度环的 PID 控制作用使电动机运行速度保持与输入位置指
令一致。当偏差计数为 0 时，表示运动位置已到达。

伺服驱动器虽然有 3 种控制方式，但只能选择一种控制方式工作，可以在不同的控制方
式间进行切换，但不能同时选择两种控制方式。

5.2.2　伺服电动机

伺服电动机在伺服控制系统中作为执行元件得到广泛应用。和步进电动机不同的是，伺
服电动机是将输入的电压信号变换成转轴的角位移或角速度而输出的，改变控制电压可以改
变伺服电动机的转向和转速。

伺服电动机按其使用的电源性质不同分为直流伺服电动机和交流伺服电动机两大类。直
流伺服电动机具有良好的调速性能、较大的起动转矩及快速响应等优点，在 20 世纪 60~70
年代得到迅猛发展，使定位控制由步进电动机的开环控制发展成闭环控制，控制精度得到很
大提高。但是，直流伺服电动机存在结构复杂、难以维护等严重缺陷，使其进一步发展受到
限制。目前在定位控制中已逐步被交流伺服电动机所替代。

交流伺服电动机是基于计算机技术、电力电子技术和控制理论的突破性发展而出现的。20 世纪 80 年代以来，矢量控制技术的不断成熟极大地推动了交流伺服技术的发展，使交流伺服电动机得到越来越广泛的应用。与直流伺服电动机相比，交流伺服电动机结构简单，完全克服了直流伺服电动机所存在的电刷、换向器等机械部件所带来的各种缺陷，加之其过载能力强和转动惯量低等优点，使交流伺服电动机已成为定位控制中的主流产品。

5.2.3 安川伺服简介

安川伺服电动机（又称 YASKAWA 安川伺服电动机，原产地日本，在我国沈阳、上海嘉定也设有生产厂）是使物体的位置、方位、状态等输出被控量，能够跟随输入目标值（或给定值）任意变化的自动控制系统。它分为交流伺服电动机和直流伺服电动机，在国内的半导体、液晶制造装置、电子部件封装装置、机床及一般机械中得到广泛应用。

作为伺服驱动主导企业，安川电机首次提出了"机电一体化"的概念，现在已经成为全球通用的名词。该理念于 20 世纪 60 年代后期"将客户的机械与本公司电机产品相融合，从而发挥更强大功能"的想法，由安川电机在全球率先提出。将电子技术应用于机械控制，谋求高性能的机电一体化技术，今天在各类工业自动化、效率化方面发挥着巨大的作用。

安川电机是运动控制领域专业的生产厂商，是日本较早做伺服电动机的公司，其产品以稳定快速著称，性价比高，是全球销售量较多、使用行业较多的伺服品牌。在国内，安川电机产品多年来占据了较大的市场份额。安川系列伺服单元主要用于需要"高速、高频率、高定位精度"的场合，该伺服单元可以在最短的时间内最大限度地发挥机器性能，有助于提高生产效率。

5.2.4 安川伺服面板

安川伺服面板如图 5.7 所示。

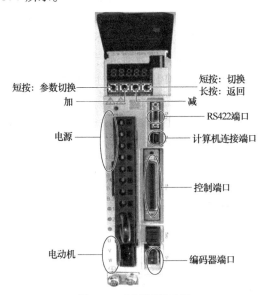

图 5.7 安川伺服面板

安川伺服接线方法

1）安川伺服驱动器电源接线方法如图 5.8 所示。

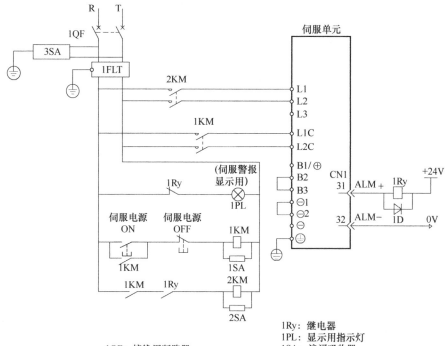

图 5.8 单相 220V 接线图

2）控制信号连接器（CN1）接线图如图 5.9 所示。

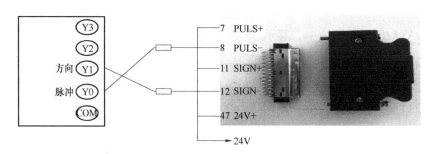

图 5.9 CN1 控制接线方法

5.2.5 试运行 JOG 模式

1）按 MODE/SET 键选择辅助功能。

2）按 UP 或 DOWN 键显示 "Fn002"。

3）按 DATA/SHIFT 键约 1s，显示 [ＦＮＪＯＧ]。

4）按 MODE/SET 键进入伺服 ON 状态。按 UP 键（正转）或 DOWN 键（反转），在按键期间，伺服电动机按照 Pn304 设定的速度旋转。Pn304 为点动 JOG 速度，默认为 500。

5）按 MODE/SET 键进入伺服 OFF 状态。

6）也可以按住 DATA/SHIFT 键约 1s 使伺服 OFF。

7）按 DATA/SHIFT 键约 1s，返回"Fn002"的显示。

5.2.6 位置控制模式参数

1）把 Pn00B 设置为 0100，选择单相 220V 电源，因为默认是 380V 的，不选择会报错。

2）把 Pn000 设置为 0010，选择位置模式。

3）把 Pn200 设置为 0000，选择方向+脉冲控制，正逻辑，若设置 0005，则为符号+脉冲序列，负逻辑。

4）把 Pn50A 设置为 8170，使伺服正转一直有效。

5）把 Pn50B 设置为 6548，使伺服反转一直有效。

5.2.7 参数初始化

1）按 MODE/SET 键选择辅助功能。

2）按 UP 或 DOWN 键显示"Fn005"。

3）按 DATA/SHIFT 键约 1s，显示 $\boxed{P.\ln 1t}$。

4）按 MODE/SET 键进行参数初始化。

5）初始化完成后，闪烁显示"donE"后返回 3）步的显示。

6）为使设定生效，在参数设定值初始化结束后，重新接通伺服单元的电源。

5.2.8 报警记录删除

1）按 MODE/SET 键选择辅助功能。

2）按 UP 或 DOWN 键显示"Fn006"。

3）按 DATA/SHIFT 键约 1s，显示 $\boxed{trCLr}$。

4）按 MODE/SET 键，删除警报记录。

5）删除完成后，闪烁显示"donE"后返回 3）步的显示。

6）按 DATA/SHIFT 键约 1s，返回"Fn006"的显示。

5.2.9 电子齿轮比设置

1）设置电子齿轮比之前，先找到电动机的型号，查看编码器的分辨率。如下面所示，型号后面的第四位就是编码器的字母或者是数字，对应的就是分辨率。

例如：SGM7J-01ADC6S，第四位是 D：

F 代表 24 位增量型编码器，分辨率为 16777216；

D 代表 20 位增量型编码器，分辨率为 1048576。

2）电子齿轮比设定值的计算方法。

电动机轴和负载侧的机器减速比为 n/m（电动机旋转 m 圈时负载轴旋转 n 圈）时，电子齿轮比的设定值可通过下式求得

$$电子齿轮比\frac{B}{A} = \frac{Pn20E}{Pn210} = \frac{编码器分辨率}{负载轴旋转1圈的移动量（指令单位）} \times \frac{m}{n}$$

3）电子齿轮比设定的案例如表 5.1 所示。

表 5.1　电子齿轮比设定案例

步骤	内　容	机　械　构　成		
		滚珠丝杠	圆　台	皮带+带轮
		指令单位: 0.001mm 负载轴 编码器 滚珠丝杠 24位 导程: 6mm	指令单位: 0.01° 负载轴 减速比 1/100 编码器24位	指令单位: 0.005mm 负载轴 减速比 带轮直径 1/50 ϕ100mm 编码器24位
1	机械规格	• 滚珠丝杠导程: 6mm • 减速比: 1/1	• 1 圈的旋转角: 360° • 减速比: 1/100	• 带轮直径: 100mm （带轮周长: 314mm） • 减速比: 1/50
2	编码器分辨率	16777216（24 位）	16777216（24 位）	16777216（24 位）
3	指令单位	0.001mm（1μm）	0.01°	0.005mm（5μm）
4	负载轴旋转 1 圈的移动量（指令单位）	6mm/0.001mm＝6000	360°/0.01°＝36000	314mm/0.005mm＝62800
5	电子齿轮比	$\dfrac{B}{A}=\dfrac{16777216}{6000}\times\dfrac{1}{1}$	$\dfrac{B}{A}=\dfrac{16777216}{36000}\times\dfrac{100}{1}$	$\dfrac{B}{A}=\dfrac{16777216}{62800}\times\dfrac{50}{1}$
6	参数	Pn20E: 16777216 Pn210: 6000	Pn20E: 1677721600 Pn210: 36000	Pn20E: 838860800 Pn210: 62800

5.3　步进驱动器和步进电动机

5.3.1　步进驱动器

步进电动机不能直接接到交直流电源上，而是通过步进驱动器与控制设备相连接，步进驱动器如图 5.10 所示。控制设备发出能够进行速度、位置和转向控制的脉冲，通过步进驱动器对步进电动机的运行进行控制。即电动机控制系统的性能除了与电动机本身的性能有关外，在很大程度上取决于步进驱动器的优劣，因此对步进驱动器的组成结构及其使用做一些基本的了解是必要的。

5.3.2　步进电动机

在定位控制中，步进电动机（见图 5.11）作为执行元件得到了广泛的应用。步进电动机区别于其他电动机的最大特点如下:

1）可以用脉冲信号直接进行开环控制，系统简单、经济。

2）位移（角位移）量与输入脉冲个数严格成正比，且步距误差不会长期积累，精度较高。

3）转速与输入脉冲频率成正比，且可在相对的范围内进行调节，多台步进电动机同步性能较好。

4）易于起动、停止和变速，且停止时有自锁功能。

5）无电刷、电动机本体部件少、可靠性高、易维护。

步进电动机的缺点是：带惯性负载能力较差，存在失步和共振，不能直接使用交直流电源驱动。步进电动机受脉冲信号控制，并把脉冲信号转换成与之相对应的角位移或直线位移，而且在进行开环控制时，步进电动机的角位移量与输入脉冲的个数严格成正比，角速度与脉冲频率成正比，并在时间上与脉冲同步，因而只要控制输入脉冲的数量、频率和绕组通电的相序即可获得所需的角位移（或直线位移）、转速和方向。这种增量式定位控制系统与传统的直流伺服系统相比几乎无须进行系统调试，成本明显降低。因此，步进电动机在办公设备（复印机、传真机、绘图仪等）、计算机外围设备（磁盘驱动器、打印机等）、材料输送机、数控机床、工业机器人等各种自动仪器仪表设备上获得了广泛应用。

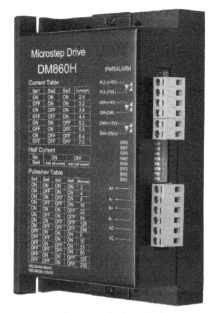

图 5.10 步进驱动器

因为步进电动机是受脉冲信号控制的，所以把这种定位控制系统称为数字量定位控制系统。按其作用原理，步进电动机分为反应式（VR）、永磁式（PM）和混合式（HB）三种，其中混合式应用最广泛，它混合了永磁式和反应式的优点，既具有反应式步进电动机的高分辨率，即每转步数比较多的特点，又具有永磁式步进电动机的高效率、绕组电感比较小的特点。

图 5.11 步进电动机

5.3.3 步进驱动器简介

雷赛步进驱动器是一种经济、小巧的步进驱动器，采用单电源供电，驱动电压为 DC 16~80V 或者 AC 24~110V，电流在 60A 以下，可驱动外径为 7~8mm 的各种型号的两相混合式步进电动机。

驱动器是等角度恒力矩细分型高性能步进电动机驱动器。驱动器内部采用双极恒流斩波方式使电动机噪声减小，电动机运行更平稳。驱动电压的增加使电动机的高速性能和驱动能力大为提高，而步进脉冲停止超过 100ms 时可按设定选择为半流全流锁定。用户在运行速度不高的时候使用低速高细分使步进电动机的运转精度得到提高，同时也减小了振动，降低了驱动器采用光电隔离信号输入输出，有效地对外电路信号进行了隔离，增强了抗干扰噪声能力，使驱动能力从 2.0A/相到 6.0A/相分 8 档可用。最高输入脉冲频率可达 200kHz。驱动器设有 16 档等角度恒力矩细分。输入脉冲串可以在脉冲+方向控制方式和正/反向脉冲控制方式之间进行选择。驱动器还带有过电流、欠电压保护，当电流过大或电压过低时，相应指示灯会亮。

雷赛步进驱动器是一款高性价比的步进驱动器产品，广泛地应用在雕刻机、激光设备、贴标机、广告设备、包装设备等各种自动化生产设备上。

5.3.4　步进驱动器面板功能介绍

步进驱动器的端口由 4 部分组成，各个端口名称及其功能说明见表 5.2。

表 5.2　端口名称及其功能

	符号	名称	说　　　明
输入端口	PUL+	脉冲信号输入	当输入脉冲为脉冲+方向控制方式时，为脉冲输入端；当输入脉冲为正/反向脉冲时，为正向脉冲输入端
	PUL−		
	DIR+	方向信号输入	当输入脉冲为脉冲+方向控制方式时，为方向输入端；当输入脉冲为正/反向脉冲时，为反向脉冲输入端
	DIR−		
设定开关	SW8~SW5	设定细分开关	利用 ON/OFF 组合，可提供 16 档细分
	SW4	半流/全流开关	选择停机时电动机线圈的电流大小
	SW3~SW1	工作电流开关	利用 ON/OFF 组合，可提供 8 档输出电流
电源	AC	电源电压输入	驱动器电源电压输入端，为 AC 16~80V 或 DC 24~110V
	AC		
输出端口	A+	控制电压输出	向电动机提供电压输出，根据电动机的不同相序进行连接
	A−		
	B+		
	B−		

5.3.5　步进驱动器和 PLC 的接线图

步进驱动器和 PLC 的接线图如 5.12 所示。

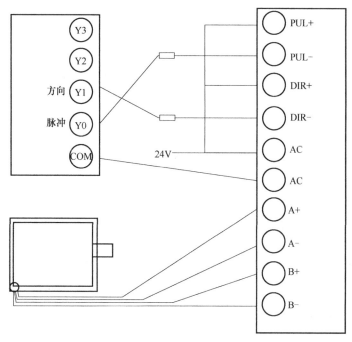

图 5.12　步进驱动器和 PLC 接线图

5.4 脉冲输出指令

5.4.1 PLSY 脉冲输出指令

（1）指令格式

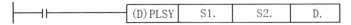

S1 为输出脉冲频率或者其存储地址；

S2 为输出脉冲个数或者其存储地址；

D 为制定脉冲串输出端口，仅限 Y0，Y1，Y2 三个。

当驱动条件成立时，从输出端口 D 输出一个频率为 S1，脉冲个数为 S2，占空比为 50% 的脉冲串。若把 S2 改为 K0，则无限输出。

（2）指令功能

在定位控制中，不论是步进电动机还是伺服电动机，在通过输出高速脉冲进行定位控制时，电动机的转速均是由脉冲的频率所决定的，电动机的总回转角度则由输出脉冲的个数决定。而 PLSY 指令是一个能发指定频率、指定脉冲个数的脉冲输出指令，因此 PLSY 指令虽叫作脉冲输出指令，但实际上就是一个定位控制指令。

5.4.2 PLSV 可变速脉冲输出指令

（1）指令格式

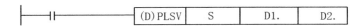

S 为脉冲输出频率或者其存储地址（32 位时为 -100000~+100000，16 位 -32768~+32767）；

D1 为输出脉冲端口；

D2 为指定旋转方向端口，ON 为正转，OFF 为反转。

当驱动条件成立时，从输出口 D1 输出频率为 S 的脉冲串，脉冲串所控制的电动机转向信号由 D2 口输出，如 S 为正值，则 D2 输出为 ON，电动机正转。

（2）指令功能

PLSV 指令是一个带旋转方向输出的可变速脉冲输出指令，现举例加以说明。

【例 5.1】 试说明指令 PLSV D0 Y0 Y4 的含义。

【解】 S=D0 表示输出脉冲串的频率由 D0 的值决定，改变 D0 值可以改变电动机转速。脉冲串由高速脉冲输出口 Y0 输出，输出频率 D0 为正值，Y4 为 ON。

PLSV 指令中没有相关输出脉冲数量的参数设置，因而该指令本身不能用于精确定位，其最大的特点是在脉冲输出的同时可以修改脉冲输出频率，并控制运动方向。PLSV 指令在实际应用中用来实现运动轴的速度调节，如运动的多段速度控制等动态调整功能。

5.5 定位控制指令

定位控制的控制三要素：转速、转向和位移量。从这三要素的要求来看，脉冲输出指令虽然能用于定位控制，但使用起来十分不方便，PLSY 指令能够输出脉冲频率（转速）和脉冲个数（位移量），但却不能直接控制旋转方向，必须用另外一个输出口信号作为方向控制信号，而在程序中必须对方向信号进行程序的编制。PLSV 指令为运行中改变转速的指令，但不能进行定位控制。为此，三菱电机专门为 FX 系列 PLC 开发了专用于定位控制的定位控制功能指令。

5.5.1　原点回归指令（D）ZRN

（1）指令格式

S1 为回原点速度；

S2 为爬行速度；

S3 为近点信号输入端口；

D 为脉冲输出端口。

当驱动条件成立时，机械以 S1 指定的回原点速度从当前位置向原点移动，在碰到以 S3 指定的 DOG 信号由 OFF 变为 ON 时开始减速，一直减到 S2 指定的爬行速度为止，并以爬行速度继续向原点移动，当 DOG 信号由 ON 变为 OFF 时就立即停止 D 所指定的脉冲输出，结束原点回归动作工作过程，机械停止位置为原点，如图 5.13 所示。

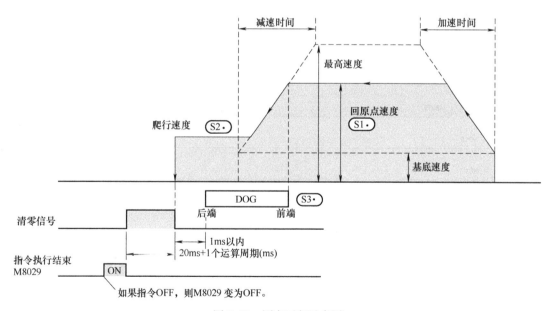

图 5.13　原点回归示意图

（2）动作分析

执行原点回归用 ZRN 指令，以指定的回原点速度移动，一旦指定的近点信号（DOG）为 ON，就开始减速，直到减速到指定的爬行速度为止。指定的近点信号（DOG）从 ON 变为 OFF 后，则立即停止脉冲的输出。清零信号输出功能（M8341）有效（ON）时，在近点信号（DOG）ON→OFF 后 1ms 以内，清零信号（Y004）在 [20ms+1 个运算周期（ms）] 的时间内保持为 ON。当前值寄存器（D8341，D8340）变为"0（清零）"。指令执行结束标志位为 ON，结束原点回归动作。

原点回归指令驱动后回归方向是朝当前值寄存器数值减小的方向移动的。因此，在设计电动机旋转方向与当前值寄存器数值变化关系时必须注意这点。

ZRN 指令不支持 DOG 的搜索功能，机械当前位置必须在 DOG 信号的前面才能进行原点回归，如果机械当前位置在 DOG 信号中间或在 DOG 信号后面则都不能实现原点回归功能。近点信号的可用软元件为 X、Y、M、S，但实际使用时一般为 X0~X7，最好是 X0、X1，因为指定这个端口为近点信号输入，PLC 是通过中断来处理 ZRN 指令的停止的。如果指定了 X10 以后的端口或者其他软元件，则由于受到顺控程序的扫描周期影响而使原点位置的偏差较大。同时，如果一旦指定了 X0~X7 为近点信号，则不能和高速计数器、输入中断、脉冲捕捉、SPD 指令等重复使用。

（3）程序案例

原点回归示意图如图 5.14 所示。

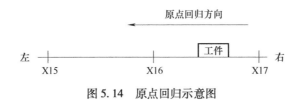

图 5.14　原点回归示意图

原点回归梯形图程序如图 5.15 所示。

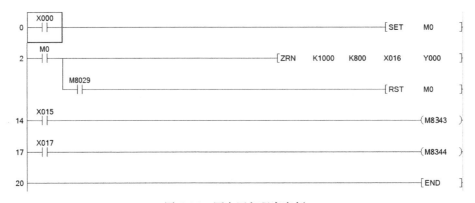

图 5.15　原点回归程序案例

如图 5.15 所示，当驱动条件 M0 为 ON 时，ZRN 以 K1000 的速度向正方向寻找原点，碰到原点开关 X016 变为 ON，立即执行 K800 的速度直到 X016 变为 OFF，当原点开关产生一个下降沿时，即 ZRN 指令判断找到原点，立即停止。指令完成标志位 M8029 变为 ON。M8343 是左限位标志，M8344 是右限位标志。

5.5.2　原点回归指令（D）DSZR

（1）指令格式

S1 为近点信号输入地址（DOG）；

S2 为指定输入零点信号地址，仅为 X0~X7；

D1 为脉冲输出端口，仅限 Y0，Y1，Y2；

D2 为指定旋转方向的输出端口。

DSZR 指令是具有自动搜索功能的原点回归指令，其对当前位置没有要求，在任意位置哪怕是停止在限位开关位置上都能完成原点回归操作。

（2）动作分析

原点回归指令 DSZR 的动作过程及动作完成如图 5.16 所示。

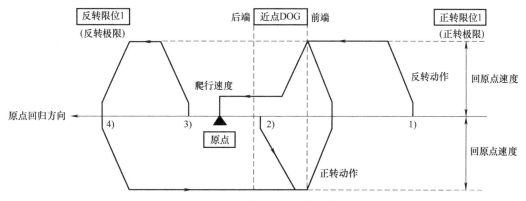

图 5.16　DSZR 动作过程及动作完成示意图

将近点 DOG 信号和零点信号指定为同一软元件，当原点回归零点信号数为 1 时，原点回归结束时的停止方法不是检测出零点信号，而是检测出近点 DOG 信号。此外，关于零点信号计数开始时间的设定，在近点 DOG 前端时，设定为从检测出近点 DOG 信号时开始对零点信号进行计数。

DSZR 指令原点回归动作和 ZRN 指令类似，所不同的是，当原点回归以爬行速度向原点运行时，如果检测到 DOG 开关信号由 ON 变为 OFF 后并不停止脉冲的输出，而是直到检测到第一个零点信号的上升沿（从 OFF 变为 ON 时）后才立即停止脉冲的输出。在脉冲停止输出后的 1ms 内，清零信号输出并保持 20ms+1 个扫描周期内为 ON。同时将当前值寄存器清零，当清零信号复位后发出在一个扫描周期内为 ON 的指令执行结束信号 M8029。

（3）近点信号（DOG）S1

近点信号（DOG）和 ZRN 指令类似，它是原点回归中进行速度变换的信号。ZRN 指令对这个信号仅说明由 OFF 变为 ON 时开始减速至爬行速度。它表明端口信号从断开到接通是一种正逻辑关系，在某些情况下如果开关从 ON 变为 OFF 时则不能使用，而 DSZR 指令对开关信号的逻辑可以选择。

DSZR 指令设置了一个近点信号逻辑选择标志位，其状态决定了信号逻辑的选择，见表 5.3。当该标志位为 OFF 时为正逻辑，近点信号为 ON 时（由 OFF 变为 ON）有效，开始减速至爬行速度。当该标志位为 ON 时为负逻辑，近点信号为 OFF 时（由 ON 变为 OFF）有效，开始减速至爬行速度。在设置上，每一个脉冲输出口对应一个逻辑选择标志位。

表 5.3 近点信号逻辑选择标志位特殊辅助继电器

脉 冲 端 口	逻辑选择标志位	脉 冲 端 口	逻辑选择标志位
Y0	M8345	Y2	M8365
Y1	M8355	Y3	M8375

在应用中，近点信号最好接入到基本单元的 X0~X17 端口，如果从 X20 以后的端口或辅助继电器等其他软元件输入时，其后端检出信号会受到顺控程序扫描周期的影响。DSZR 指令应用装置上有正/反转限位开关 LSF 和 LSR。近点信号 DOG 开关必须处于 LSF 和 LSR 之间，如图 5.17 所示，否则无法进行原点回归。

图 5.17 左右限位

（4）零点信号 S2

DSZR 指令指定输入端口为基本单元的 X0~X7，同样也为零点信号设置了两个逻辑选择标志位，该标志位状态决定了零点信号的逻辑有效信号，不同的输出端口对应于不同的逻辑选择标志位，见表 5.4。

表 5.4 零点信号逻辑选择标志位特殊辅助继电器

脉 冲 端 口	逻辑选择标志位	脉 冲 端 口	逻辑选择标志位
Y0	M8346	Y2	M8366
Y1	M8356	Y3	M8376

在使用中如果对近点信号和零点信号选择同一个输入端口，那么零点信号的逻辑选择标志位设置无效，且零点信号的逻辑选择也和近点信号一致。这时零点信号也不起作用，DSZR 指令和 ZRN 指令一样，由近点信号（DOG）的前端和后端信号决定减速开始和机械停止的位置。

DSZR 指令零点信号的引入使原点回归动作的定位精度（指原点位置的误差）得到很大提高：从图中可以看出，DSZR 指令的原点位置是这样确定的，当运动检测到 DOG 开关的前端由 OFF 变为 ON 时便开始减速到爬行速度，并以爬行速度继续向原点移动。当检测到 DOG 开关的后端信号由 ON 变为 OFF，其后第 1 个零点脉冲信号从 OFF 变为 ON 时，立即停止脉冲输出，停止位置为原点位置。因此，DSZR 指令的原点位置不受 DOG 开关的后端信号控制，因而不受 DOG 开关精度的影响。一般是把电动机编码器的零点信号（Z 相）作为 DSZR 指令的零点信号，而 Z 相信号是固定的，适当调整 DOG 开关的后端和零点信号之间的位置，原点位置精度可以得到提高。

（5）原点回归方向

和 ZRN 指令一样，DSZR 指令也有一个原点位置在正转方向上还是在反转方向上的问题。ZRN 指令是通过程序设计来解决正转方向上原点回归转向问题的，而 DSZR 指令则是通过设置原点回归方向标志位来解决的，见表 5.5。

表 5.5 方向标志位特殊辅助继电器

脉 冲 端 口	方向标志位	脉 冲 端 口	方向标志位
Y0	M8342	Y2	M8362
Y1	M8352	Y3	M8372

例如，对脉冲输出端口 Y0 所代表的定位控制系统，如果其原点位置在正转方向上，则
M8342 应为 ON。正转方向时原点回归为 ON，反转为 OFF。

（6）清零信号

清零信号是指在完成原点回归的同时由 PLC 向伺服驱动器发出一个清零信号，使两者
保一致。清零信号是由规定输出端口输出的，规定脉冲输出端口为 Y0，则清零输出端口为
Y4：脉冲输出端口为 Y1，则清零输出端口为 Y5。清零信号还受到清零信号标志位的控制
（见表 5.6），仅当清零信号标志位置于 ON 时才会发出清零信号。因此，如需要发出清零信
号，应先将清零信号标志位置于 ON。清零信号的接通时间约为 20ms+1 个扫描周期。

表 5.6 清零标志位特殊辅助继电器

脉 冲 端 口	清零标志位	脉 冲 端 口	清零标志位
Y0	M8341	Y2	M8361
Y1	M8351	Y3	M8371

在清零信号标志位为 ON 的情况下，清零信号脉冲输出端口又有不同：一种是固定脉冲
输出端口，另一种是由内存软元件的值指定脉冲输出端口。这两种输出端口的指定又由输出
端口指定标志位的状态决定。

1）输出端口指定标志位=OFF，固定端口输出模式。

在这种模式下，清零信号脉冲输出端口是固定的端口，其与脉冲输出端口有相对应的关
系，见表 5.7。

表 5.7 清零信号和指定特殊辅助继电器

脉 冲 端 口	清零标志位	输出端口指定的标志位	清零输出端口
Y0	M8341＝ON	M8464	Y4
Y1	M8351＝ON	M8465	Y5
Y2	M8361＝ON	M8466	Y6
Y3	M8371＝ON	M8467	Y7

2）输出端口指定标志位=ON，指定端口输出模式。

在这种模式下清零信号的输出端口是被固定的，其相应的地址被事先用程序存入到清零
信号输出端口存储地址中，端口地址用十六进制数存入存储地址中，例如，指定 Y0 的清零
信号输出端口为 Y12，则先要用 MOV 指令将 H0012 存入到 D8464 中，如图 5.18 所示，若输
入不存在输出端口地址值时，如 H0008、H0009、H0018 等，则出现运算错误。

指定端口输出模式，其相应清零信号输出地址见表 5.8。

图 5.18　指令 Y12 为输出端口

表 5.8　清零信号和输出端口存储辅助继电器

脉 冲 端 口	清零标志位	输出端口指定的标志位	清零输出端口存储地址
Y0	M8341=ON	M8464=ON	D8464
Y1	M8351=ON	M8465=ON	D8465
Y2	M8361=ON	M8466=ON	D8466
Y3	M8371=ON	M8467=ON	D8467

（7）指令初始化操作

以 Y0 输出端口为例，速度单位为 Hz，时间单位为 ms。初始化寄存器见表 5-9。

表 5.9　指令初始化的相关特殊辅助继电器和特殊数据寄存器

名　　称	回原点速度	爬行速度	最高速度	最低速度	加速时间
地　　址	D8346, D8347	D8345	D8343, D8344	D8342	D8348
出厂值	5000	1000	100000	0	100
名　　称	减速时间	清零信号有效	清零信号存储	清零指定有效	原点回归方向
地　　址	D8349	M8341	D8464	M8464	M8342
出厂值	100	OFF	…	OFF	OFF
名　　称	正转极限	反转极限	近点信号	零点信号	脉冲输出停止
地　　址	M8343	M8344	M8345	M8346	M8349
出厂值	OFF	OFF	OFF	OFF	OFF

扫一扫看视频

（8）程序案例

DSZR 原点回归有两种情况，第一种是有一个近点信号和一个零点信号，第二种是零点信号和近点信号为同一个，第二种和 ZRN 一样，零点信号 OFF 就是原点。在这里不做举例，下面就第一种情况举例说明。梯形图如图 5.19 所示。

M0 启动，DSZR 指令执行回原点命令，当 DOG 碰到 X7 近点信号（由 OFF 到 ON）时，减速爬行到零点信号 X005（ON），即当前位置就是原点，M8029 执行 1 个扫描周期。D8346 为回原点速度，D8345 为爬行速度，X015，X017 分别为左限位和右限位。既然把方向信号交给指令掌控，尽量不要人为控制方向信号。

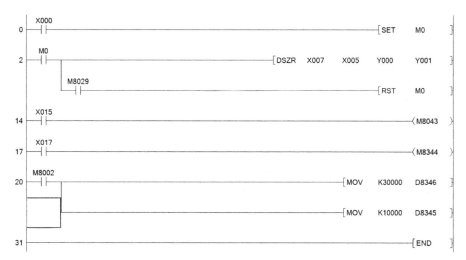

图 5.19 带搜索功能原点回归示意图

5.5.3 相对定位指令（D）DRVI

相对定位指令 DRVI 和绝对定位指令 DRVA 是目标位置设定方式不同的单速定位指令。无论是 DRVI 还是 DRVA 指令，都必须要回答位置控制时的 3 个问题：一是位置移动方向；二是位置移动速度；三是位置移动距离。在学习定位控制指令时从这 3 个方面进行理解。

O 点为工件的原点。假定工件的当前位置在 A 点，要求工件起动后停在 C 点，如何来表示其位移呢？在 PLC 中，用两种方法来表示工件的位移，一种是相对定位；另一种是绝对定位，如图 5.20 所示。

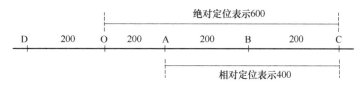

图 5.20 绝对定位和相对定位

相对定位是指定位置坐标与工件当前位置坐标的位移量，由图 5.20 可以看出，工件的当前位置为 200，只要移动 400 就到达 C 点，因此移动位移量为 400。用相对定位来表示为 400，相对位移量与当前位置有关，当前位置不同，则位移量也不一样，表示也不同。如果设定向右移动为正值（表示电动机正转），则向左移动为负值（表示电动机反转）。例如，从 A 点移到 C 点，表示为 400，从 A 点移到 D 点，相对位移量为 400，表示为-400。以相对位移量来计算的位移表示，称为相对定位，相对定位又称增量式定位。

（1）指令格式

S1 为输出脉冲数；

S2 为输出脉冲频率；

D1 为输出脉冲端口；

D2 为输出旋转方向。

当驱动条件成立时，指令通过 D1 所指定的输出端口发出定位脉冲，定位脉冲的频率由 S2 所表示的值决定；定位脉冲的个数（即相对位置的移动量）由 S1 所表示的值确定，并且根据 S1 的正/负确定位置移动方向（即电动机的转向），如 S1 为正，则表示向绝对位置大的方向（电动机正转）移动，如 S1 为负，则向相反方向移动。移动方向由 D2 所指定的输出端口向驱动器发出，正转为 ON，反转为 OFF。

（2）动作分析

在指令执行过程中，即使改变操作数的内容，也不会反映到当前的运行中。在下次指令驱动时才有效。在指令执行过程中，驱动触点为 OFF 时，减速停止。且此时指令执行结束标志位 M8029 不动作。动作方向的极限标志位（正转限位标志位或者反转限位标志位）动作时，减速停止。此时，指令执行异常结束标志位 M8329 置 ON，结束指令的执行。如图 5.21 所示。

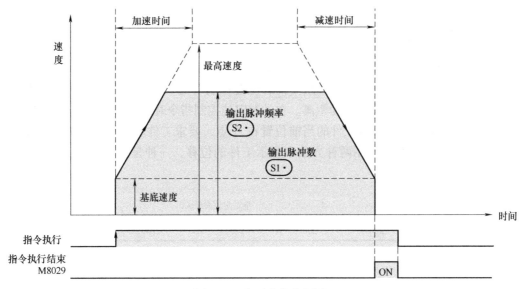

图 5.21　相对定位分析图

（3）程序案例

编写相对定位控制指令时控制要求如下。

电动机以 2000Hz 转速向绝对位置 K2000 处移动，电动机当前位置为 K5000 处。脉冲输出端口为 Y0，方向输出端口为 Y5，请画出梯形图。

电动机移动示意图如图 5.22 所示，由 K5000 到 K2000 是反方向，因此需要发−3000 个脉冲数。

指令驱动后，如果驱动条件为 OFF，将减速停止，但完成标志位 M8029 并不动作（不为 ON），而脉冲输出中监控标志位仍为 ON 时，不接受指令的再次驱动。

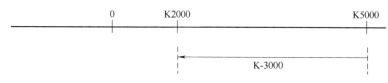

图 5.22　相对定位示意图

指令驱动后，如果在没有到达相对目标位置时就停止驱动，将减速停止，但再次驱动时，指令不会延续上次的运行，而是默认停止位置为当前位置，执行指令。因此，在那些需要临时停止后想延续剩下行程的控制的情况不能使用相对定位指令。如果在指令执行中改变指令的操作内容，则这种改变不能更改当前的运行，只能在下一次执行时才生效。执行 DRVI 指令时如果检测到正/反转限位开关时则减速停止，并使异常结束标志位为 ON，结束指令的执行。指令在执行过程中，输出的脉冲数以增量的方式存入当前值寄存器。正转时当前值寄存器数值增加，反转时则减少，所以 DRVI 指令又叫增量式定位指令。

5.5.4　绝对定位指令（D）DRVA

绝对定位是指定位位置与坐标原点的位移量。如图 5.23 所示，由当前位置 A 点移到 C 点时，绝对定位的定位表示为 600，也就是 C 点的坐标值，可见绝对定位仅与定位位置的坐标有关，而与当前位置无关。同样，如果从 A 点移动到 D 点，则绝对定位的定位表示为-200。

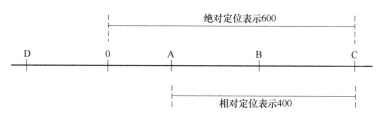

图 5.23　绝对定位

由上述分析可知，这两种定位的表示含义是完全不同的，相对定位所表示的是实际位移量，而绝对定位表示的是定位位置的绝对坐标值。显然，如果定位控制是由一段一段的位移连接而成的，并知道各自的位移量，则使用相对定位控制比较方便，而当仅知道每次移动的坐标位置时，则用绝对定位控制比较方便。在实际伺服控制系统中，这两种定位方式的控制过程是不一样的，执行相对定位指令时，每次执行以当前位置为参考点进行定位移动，其位移量是直接由定位指令发出的，而执行绝对定位指令时定位指令给出的是绝对坐标值，其实际位移量则是由 PLC 根据当前位置坐标和定位位置坐标值自动进行计算得到的。

（1）指令格式

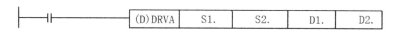

S1 为目标的绝对位置脉冲数；
S2 为输出脉冲频率；
D1 为输出脉冲端口；
D2 为指定的旋转方向输出端口。
当驱动条件成立时，指令通过 D1 所指定的输出端口发出定位脉冲，定位脉冲的频率由

S2 所表示的值决定；S1 表示目标的绝对位置脉冲数（以原点为参考点）。电动机的转向信号由 D2 所指定的输出端口向驱动器发出，当 S1 大于当前位置值时，D2 为 ON，电动机正转，反之，当 S1 小于当前位置值时，D2 为 OFF，电动机反转。

（2）动作分析

在指令执行过程中，即使改变操作数的内容，也不会反映到当前的运行中。在下次指令驱动时才有效。在指令执行过程中，驱动触点为 OFF 时，减速停止。且此时指令执行结束标志位 M8029 不动作。动作方向的极限标志位（正转限位标志位或者反转限位标志位）动作时，减速停止。此时，指令执行异常结束标志位 M8329 置 ON，结束指令的执行。如图 5.24 所示。

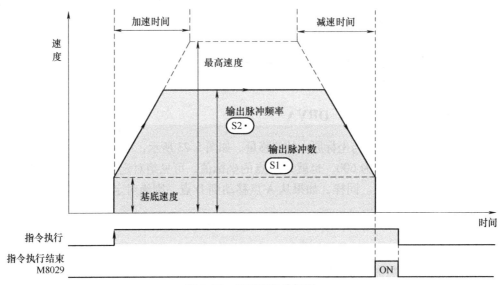

图 5.24　绝对定位分析图

（3）程序案例

试说明指令 DDRVA　K25000　K10000　Y0　Y4 的含义。

分析如下：

S1＝K25000，表示电动机移动到绝对位置 K25000 处，电动机转速为 10000Hz，定位脉冲由 Y0 端口输出，电动机的转向信号由 Y4 端口输出。

如果设定位置值等于 K25000，Y4 端口输出为 ON，电动机正转到 K25000 处。如果设定位置等于 K-25000，Y4 端口输出为 OFF，则电动机反转到 K-25000 处，电动机的转向无须编制程序，由指令自动完成。其绝对定位示意图如图 5.25 所示，梯形图如图 5.26 所示。

图 5.25　绝对定位示意图

指令驱动后，如果驱动条件为 OFF，则将减速停止，但完成标志位 M8029 并不动作（不为 ON），而脉冲输出中监控标志位仍为 ON 时，不接受指令的再次驱动。和 DRVI 指令不同的是，DRVA 指令是目标位置的绝对地址值，如果在运行中暂停后重新驱动，只要不改变 S1 的值，它会延续前面的行程朝目标位置运行，直到完成目标位置的定位为止，所以如果定位控制需要在运行中间进行多次停止和再驱动，应用 DRVA 指令则可以完成控制任务。

图 5.26　绝对定位梯形图

如果在指令执行中改变指令的操作内容，则这种改变不能更改当前的运行，只能在下一次执行时生效。在执行 DRVA 指令时如果检测到正/反转限位开关，则减速停止，并使异常结束停止位为 ON，结束指令的执行。

5.5.5　手动程序

手动程序和原点回归程序一样，也是所有定位程序中不可缺少的程序，这是因为手动程序起到三个重要的作用。一是当定位控制系统硬件电路及驱动器设置全部完成后首先要运行的是手动正/反转，通过手动运行，可以验证电路连接是否正确，再观察电动机的运行情况，对驱动器各项参数进行适当调整。由于手动运行速度比较慢，进行上述验证和调整均不会造成损失。二是在生产过程中需要对位置进行调整（如工件校准、位移核准等），利用手动运行十分方便。三是当工件运行至行程极限处碰到限位开关后，可利用手动程序使工件离开极限位置。

为此，在程序设计时，不要将极限位置限位开关与手动按钮进行联锁控制。手动程序包括手动正转和手动反转两个程序段，一般也是独立编制的程序。手动程序一般用 PLSY 指令和 DRVI 指令设计，梯形图如图 5.27 所示，其正转/反转程序如图 5.28 所示。

扫一扫看视频

图 5.27　初始化程序

图 5.28　手动正转/反转程序

5.5.6　综合定位程序案例

图 5.29 是实现电动机手动运行、回原点，并进行定位的梯形图。

扫一扫看视频

```
0    X000  X002  X003  X004  X005  X006  X007                          [SET   M0 ]
     X0启动，回原点程序，其他的为互锁关系
8    M1    M2    M0                                    [DSZR  X001  X002  Y000  M10 ]
           M0接通，开始执行回原点功能，碰到近点信号X1，减速至爬行速度，碰到X2停止，即回到原点
           M8029                                                        [RST   M0 ]
           回到原点以后，M8029接通1个扫描周期，把M0断开
           X017                                                         [RST   M11]
           右限位
           X015                                                         [SET   M12]
           左限位
           X002                                                         [SET   M13]
           限制方向
32   X002                                                               [SET   M1 ]

32   X002                                                               [SET   M1 ]
34   X015  X017  M1                               [DDRVI  K10000  K20000  Y000  M14 ]
           M1接通，执行相对定位，向正方向走10000个脉冲的距离
                 M8029                                                  [RST   M1 ]
                                                                        [SET   M2 ]
57   X015  X017  M2                               [DDRVI  K-10000  K20000  Y000  M15 ]
           M2接通，执行相对定位，向反方向走10000个脉冲的距离
                 M8029                                                  [RST   M2 ]

79   X003                                                               [SET   M3 ]
81   X015  X017  M3                               [DDRVA  K10000  K20000  Y000  M16 ]
           M3接通，执行绝对定位，向正方向走10000个脉冲的距离
                 M8029                                                  [RST   M3 ]
                                                                        [SET   M4 ]
04   X015  X017  M4                               [DDRVA  K-10000  K20000  Y000  M17 ]
           M4接通，执行绝对定位，向反方向走10000个脉冲的距离
                 M8029                                                  [RST   M4 ]

126  X004  X002  X000  X005  X015  X017           [DDRVA  K999999  K20000  Y000  M18 ]
           X4执行手动正方向
149  X005  X002  X000  X004  X015  X017           [DDRVA  K-999999  K20000  Y000  M19 ]
           X5执行手动反方向
172  X006  X015  X017                             [DPLSY  K45000  K0  Y000 ]
           X6执行脉冲无限输出
188  X007                                                               (M20 )
```

图 5.29　综合定位程序案例

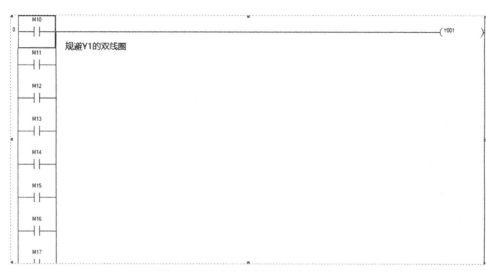

图 5.29　综合定位程序案例（续）

5.6　FX5U PLC 运动控制介绍

FX5 CPU 模块（晶体管输出）及高速脉冲输入输出模块可以向伺服电动机、步进电动机等输出脉冲信号，从而进行定位控制。脉冲数多的时候，工件移动量越大。因此可用脉冲频率、脉冲数来设定定位对象（工件）的移动速度或者移动量。

定位功能包括使用 CPU 模块 I/O 的定位功能，和使用高速脉冲输入输出模块的定位功能，可进行最多 12 轴的定位控制。

在 FX5U PLC 运动控制中，回原点的指令只有 DSZR 一个了，其他的指令使用方法和 FX3U PLC 的一样，只不过在参数设置上有些区别，在 FX5U PLC 中使用运动控制时，必须要在模块参数设置中把定位功能先启用，否则，即使程序写对了，也不会有输出。

操作数的指定方法有 FX5 操作数和 FX3 兼容操作数两种。根据指定方法不同操作数的设定内容也不同。定位指令的操作数中无法设定的项目，按照定位参数的设定值进行动作。

5.6.1　参数设置

FX5U PLC 定位功能参数设置如图 5.30 所示。

单击"参数"→"FXUCPU"→"模块参数"→"高速 I/O"，单击"输出功能"→"定位"，双击"详细设置"，弹出图 5.31 所示窗口。

单击"基本设置"，单击脉冲输出模式下的下拉菜单，选择"1：PULS/SIGN"意思是方向+脉冲，然后向下拖动滚动条，设置原点回归，如图 5.32 所示。

原点回归选择"启用"，设置清除信号输出端口，设置近点信号，设置零点信号，其他不用设置，最后单击"应用"即可。每一轴如果要启用的话，设置的方法都是一样的。

5.6.2　脉冲输出

（1）功能示意图（见图 5.33）

如果驱动触点置为 ON，则以指令速度输出脉冲，到达定位地址后停止脉冲输出。

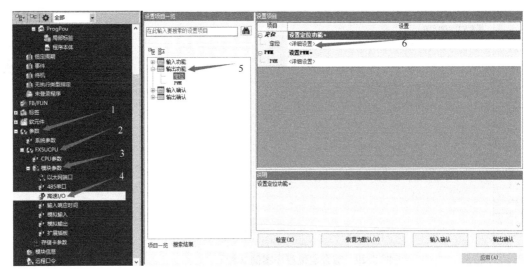

图 5.30　定位功能参数设置（一）

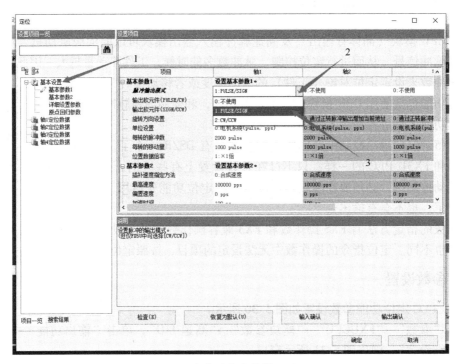

图 5.31　定位功能参数设置（二）

（2）指令格式

脉冲输出指令和 FX3U PLC 的没有太大的区别，可以兼容 FX3，又有 FX5 的写法，下面以 FX5 为例，如图 5.34 所示，其中，K30000 代表频率；K80000 代表的是脉冲数；K1 代表轴号。将 K80000 改成 K0 时，为无限输出。

非无限制地输出脉冲时，请将执行 1 次 PLSY/DPLSY 指令输出的脉冲数设定为 2147483647 以下。将脉冲数设定为 2147483648 以上时，将变为出错状态且不动作。

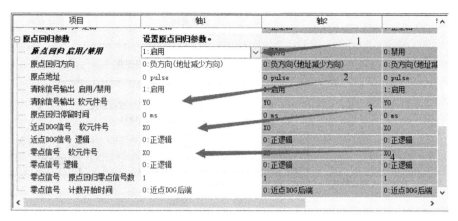

图 5.32　定位功能参数设置（三）

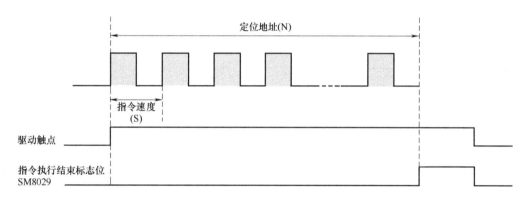

图 5.33　脉冲输出示意图

图 5.34　脉冲输出梯形图

5.6.3　原点回归

（1）功能示意图（见图 5.35）

如果驱动触点置为 ON，则输出脉冲，并开始从偏置速度进行加速动作。到达回原点速度后，以回原点速度进行动作。检测出近点 DOG 信号后，进行减速动作。到达爬行速度后，以爬行速度进行动作。近点 DOG 信号由 ON 到 OFF，检测出零点信号后，将停止脉冲输出。

（2）指令格式

带搜索功能的原点回归指令与 FX3U PLC 实现的方法一样，K30000 代表回原点速度；K20000 代表爬行速度；K1 代表轴号；M0 代表指令正常完成标志位，梯形图如图 5.36 所示。

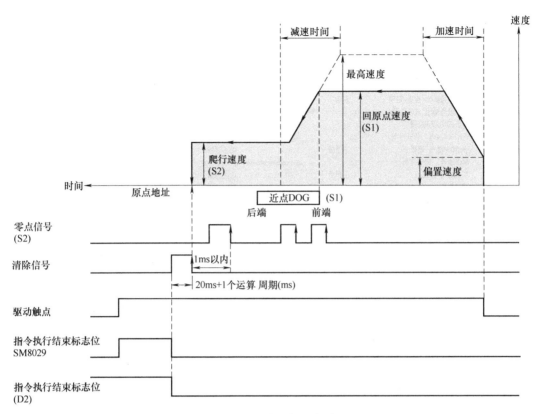

图 5.35 原点回归示意图

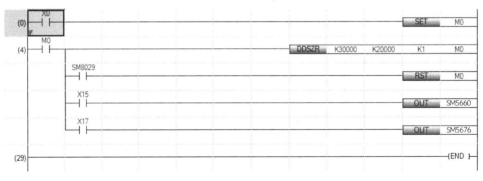

图 5.36 原点回归梯形图

5.6.4 相对定位

（1）功能示意图（见图 5.37）

如果驱动触点置为 ON，则输出脉冲，并开始从偏置速度进行加速动作。到达指令速度后，以指令速度进行动作。在目标地点附近开始进行减速动作。在移动到指定的定位地址的地点时，停止脉冲输出。

（2）指令格式

相对定位的指令梯形图如图 5.38 所示。

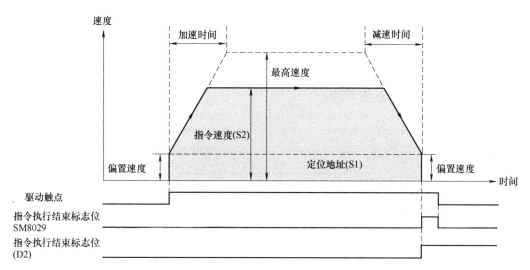

图 5.37　相对定位示意图

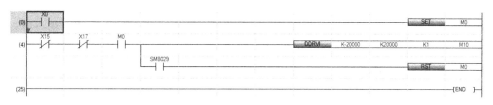

图 5.38　相对定位梯形图

K-20000 是位置；K20000 为频率；K1 是轴号；M10 是完成标志位；X15 和 X17 是左右限位。

5.6.5　绝对定位

（1）功能示意图（见图 5.39）

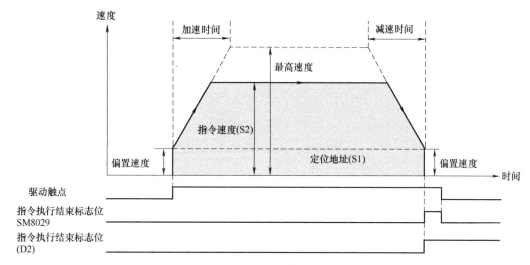

图 5.39　绝对定位示意图

如果驱动触点置为 ON，则输出脉冲，并开始从偏置速度进行加速动作。到达指令速度后，以指令速度进行动作。在目标地点附近开始进行减速动作。在移动到指定的定位地址时，停止脉冲输出。

（2）指令格式

绝对定位梯形图如图 5.40 所示。

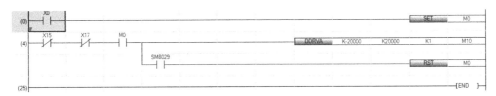

图 5.40　绝对定位梯形图

K-20000 是位置；K20000 为频率；K1 是轴号；M10 是完成标志位；X15 和 X17 是左右限位。

请不要驱动多个同轴内的定位指令。定位动作的脉冲停止且在定位指令的驱动触点未置为 OFF 前，不能驱动同轴的定位指令。

脉冲输出中监控置为 ON 时，使用该轴的定位指令不能执行。此外，即使指令驱动触点置为 OFF，在脉冲输出中监控置为 ON 期间，也请不要执行指定了同一轴编号的定位指令。定位指令的程序使用次数没有限制，即使多次使用相同指令也没有问题。

第6章

模拟量和 PID

6.1 模拟量基本知识

PLC 是基于计算机技术发展而产生的数字控制型产品。它本身只能处理开关量信号，可方便可靠地进行逻辑关系的开关量控制，不能直接处理模拟量。但其内部的存储单元是一个多位开关量的组合，可以表示为一个多位的二进制数，称为数字量。模拟量和数字量之间，只要能进行适当的转换，就可以把一个连续变化的模拟量转换成在时间上是离散的，但取值上却可以表示模拟量变化的一连串的数字量，那么 PLC 就可以通过对这些数字量的处理来进行模拟量控制了。同样，经过 PLC 处理的数字量也不能直接送到执行器中，必须经过转换变成模拟量后才能控制执行器动作。这种把模拟量转换成数字量的电路叫作模/数（A/D）转换器；把数字量转换成模拟量的电路叫作数/模（D/A）转换器。

所谓的模拟量输入模块就是将模拟量（如电流、电压等信号）转换成 PLC 可以识别的数字量的模块，在工业控制中应用非常广泛。FX3U PLC 的 A/D 转换模块主要有 2AD、4AD 和 8AD 三种。本章只讲解 2AD 模块，2AD 是有两个通道的模块，4AD 是有 4 个通道的模块，8AD 是有 8 个通道的模块。

6.2 位置编号和缓冲存储器

（1）特殊功能模块编号

当多个特殊模块与 PLC 相连时，PLC 对模块进行的读写操作必须正确区分是对哪一个模块进行操作，这就产生了用于区分不同模块的位置编号。当多个模块相连时，PLC 特殊模块的位置编号是这样确定的：从距离基本单元最近的模块算起，由近到远分别是#0、#1、#2、…、#7 特殊模块编号，当其中有扩展单元时，扩展单元不算入编号，见表 6.1。

表 6.1　特殊功能模块编号

基本单元	扩展模块	A/D	脉冲输出	扩展单元	D/A
FX3U-32MT	16EYS	4AD #0	10PG #1	16EX	2DA #2

一个 PLC 的基本单元最多能够连接 8 个特殊单元模块，编号为#0~#7。FX 系列 PLC 的 I/O 点数最多是 256 点，它包含了基本单元的 I/O 点数、扩展单元的 I/O 点数和特殊模块所占用的 I/O 点数。特殊模块所占用的 I/O 点数可通过查询产品手册得到。

（2）缓冲存储器

每个特殊模块里面均有若干个 16 位存储器，产品手册中称为缓冲存储器（BFM）。BFM 是 PLC 与外部模拟量进行信息交换的中间单元。输入时，由模拟量输入模块将外部模拟量转换成数字量后先暂存在 BFM 内，再由 PLC 进行读取，送入 PLC 的字软元件进行处理。输出时，PLC 将数字量送入输出模块的 BFM 内，再由输出模块自动转换成模拟量送入外部控制器或执行器中，这是模拟量模块的 BFM 的主要功能。除此之外，BFM 还具有如下功能：

1）模块应用设置功能：模拟量模块在具体应用时，要求对其进行选择性设置，如通道的选择、转换速度、采样等，这些都是针对 BFM 不同单元的内容来进行设置的。

2）识别和查错功能：每个模拟量模块都有一个识别码，固定在某个 BFM 单元里，用于进行模块识别。当模块发生故障时，BFM 的某个单元会存有故障状态信息。

3）标定调整功能：当模块的标定不能够满足实际生产需要时，可以通过修改某些 BFM 单元数值建立的标定关系。

特殊模块的 BFM 数量并不相同，但 FX 模拟量模块大多为 32 个 BFM 缓冲存储单元，它们的编号是 BFM#0~BFM#31。每个 BFM 缓冲存储单元都是一个 16 位的二进制存储器。在数字技术中，16 位二进制数为一个字，因此，每个 BFM 缓冲存储单元都是以字为单位来存储的。

对特殊模块的学习和应用，除了选型、模拟量信号的输入和输出接线以及它的位置编号外，对其 BFM 缓冲存储单元的学习也是关键，实际上这些模块的应用就是学习这些存储器的读写关系，不管学习哪种模块，其核心都是 BFM 的内容读写。

6.3 特殊模块读写指令

（1）读指令 FROM

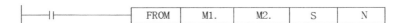

M1 为模块地址的编号（K0~K7）；

M2 为 BFM 首地址（K0~K31）；

S 为 PLC 存储器首地址；

N 为传送数据字数。

当驱动条件成立时，把编号为 M1 的特殊模块中以 BFM# M2 为首地址的 N 个缓存器的内容读到 PLC 中以 S 为首地址的 N 个 16 位数据单元中。

可用软元件为 M1：0~7，M2：0~32767；S：KnY、KnM、Kns、D、C、D、V，N：1~32767。

（2）写指令 TO

M1 为模块地址编号（K0~K31）；

M2 为 BFM 首地址；

S 为 PLC 存储器首地址；

N 为传送数据字数。

当驱动条件成立时，把编号为 M1 的特殊模块中以 S 为首地址的数据写入到编号以 M2 为首地址的 N 个缓存器中。

可用软元件为 M1：0~7，M2：0~32767；S：KnY、KnM、Kns、D、C、D、V；N：1~32767。

6.4 FX-2AD 模块

FX-2AD 模块只有两个通道，也就是说最多只能和两路模拟量信号连接，其转换精度为 12 位。FX-2AD 模块并不需要外接电源来供电，其电源直接由 PLC 供给。

6.4.1 FX-2AD 模块的参数

FX-2AD 模块的参数见表 6.2。

表 6.2 FX-2AD 模块参数

项　目	参　数　值		备　注
输入通道	2 通道		2 通道输入方式一致
输入要求	0~10V 或 0~5V	4~20mA	
输入极限	−0.5~15V	−2~60mA	
输入阻抗	≤200kΩ	≤250Ω	
数字量输入	12 位		0~4095
处理时间	2.5ms/通道		
消耗电流	24V/50mA，5V/20mA		
编程指令	FROM/TO		

6.4.2 FX-2AD 模块的接线

FX-2AD 模块可以转换电流信号和电压信号，但其接线有所不同，外部电压信号与 FX-2AD 模块的连接如图 6.1 所示，传感器与模块的连接最好用屏蔽双绞线，当模拟量噪声或波动较大时，连接一个 0.1~0.47μF 的电容，VIN1 和 VIN2 与电压信号的正信号相连，COM1 和 COM2 与信号的低电平相连。FX-2AD 模块的电源直接由 PLC 通过扩展电缆提供，并不需要外接电源。

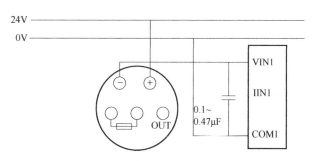

图 6.1 外部电压信号与 FX-2AD 模块的连接

外部电流信号与 FX-2AD 模块的连接如图 6.2 所示，传感器与模块连接最好用屏蔽双绞线，IIN1 和 IIN2 与电流信号的正信号相连，COM1 和 COM2 与信号的低电平相连。VIN1 和 IIN1 短接，VIN2 和 IIN2 短接。

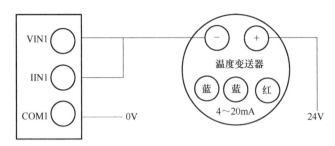

图 6.2　外部电流信号与 FX-2AD 模块的连接

注意：

使用 FX-2AD 模拟量模块应注意以下几点。

FX-2AD 不能将一个通道作为模拟电压的输入，而另一个作为电流输入，这是因为两个通道使用相同的偏移量和增值量。

当输入电压存在波动且有大量的噪声时，应该在图 6.1 中连接一个 0.1~0.47μF 的电容，起滤波作用。

模块的转换位数为 12 位，对应的数字为 $2^{12}-1=4095$，但实际应用时，为了计算方便，通常情况下都将最大模拟量输入（DC 10V 或 20mA）所对应的数字量设定为 4000。

输入信号只能是单极性。

6.4.3　FX-2AD 模块的编程

相对于其他的 PLC（如西门子 S7-200），FX2N-2AD 模块的使用不是很方便，要使用 FROM/TO 指令。使用 TO 指令启动 A/D 转换，用 FROM 指令将 A/D 转换的结果读入。A/D 转换输出特性见表 6.3。

表 6.3　A/D 转换输出特性表

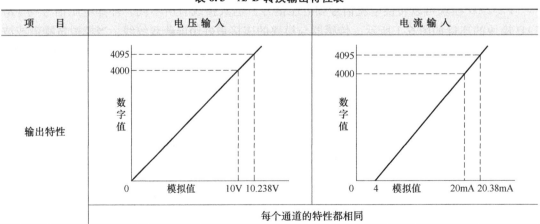

转换结果数据在模块缓冲存储器（BFM）中的存储地址如下。

1）BFM#0 的 bit0~bit7：转换结果数据的低 8 位。

2）BFM#1 的 bit0～bit3：转换结果数据的高 4 位。

A/D 转换控制信号在模块缓冲存储器（BFM）中的存储地址如下。

1）BFM#17 的 bit0：通道选择，为 0 时，选择通道 1；为 1 时，选择通道 2。

2）BFM#17 的 bit1：A/D 转换启动信号，上升沿时启动 A/D 转换。

6.4.4　程序案例

假设某系统的控制要求如下：

当输入 X000 接通时，需要将模拟量输入 1 进行 A/D 转换，并将结果读入到 PLC 的数据寄存器 D100。

当输入 X001 接通时，需要将模拟量输入 2 进行 A/D 转换，并将结果读入到 PLC 的数据寄存器 D101。请按照以上要求设计梯形图。

【例 6.1】　若模拟量的输入是 0～10V 的电压，问当数据寄存器中的数据为 2000，输入的电压是多少？

扫一扫看视频

【解】　由表 6.3 的曲线可知，外部输入 10V 时对应的 A/D 转换数值为 4000，A/D 转换数值与输入模拟量成正比，所以当数据寄存器中的数据为 2000 时，输入模拟量为 5V。梯形图如图 6.3 所示。

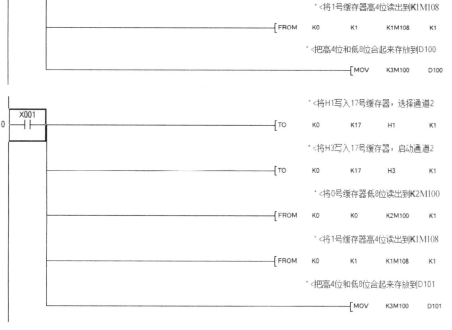

图 6.3　FX-2AD 模拟量输入梯形图程序

6.5 FX-2DA 模块

所谓模拟量输出模块就是将 PLC 可以识别的数字量转换成模拟量（如电流、电压等信号）的模块，在工业应用中非常广泛。FX 系列 PLC 的 D/A 转换模块主要有 FX-2DA 和 FX-4DA 两种。其中 FX-2DA 是两个通道的模块，以下主要介绍 FX-2DA。

6.5.1 FX-2DA 模块的参数

FX-2DA 模块的参数表见表 6.4。

表 6.4 FX-2DA 模块的参数

项　　目	参　数　值		备　　注
输出通道	2 通道		2 通道输出方式一致
输出要求	0~10V 或者 0~5V	4~20mA	
输出极限	−0.5~15V	−2~60mA	
输出阻抗	≥2kΩ	≤500Ω	
数字量输出	12 位		0~4095
处理时间	4ms/通道		
消耗电流	24V/85mA，5V/20mA		
编程指令	FROM/TO		

6.5.2 FX-2DA 模块的接线

FX-2DA 模块可以转换电压信号和电流信号，但其接线有所不同。外部控制器与 FX-2DA 模块连接（电压输出）如图 6.4 所示，控制器与模块的连接最好用屏蔽双绞线，当模拟量的噪声与波动较大时，连接一个 0.1~4.7μF 的电容，VOUT1 和 VOUT2 与电压信号的正信号相连，COM1 和 COM2 与信号的低电平相连。IOUT1 和 COM1 短接，IOUT2 和 COM2 短接。FX-2DA 模块的电源直接由 PLC 通过扩展电缆提供，并不需要外接电源。

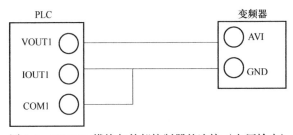

图 6.4 FX-2DA 模块与外部控制器的连接（电压输出）

控制器电流（电流输出）与 FX-2DA 连接如图 6.5 所示，控制器与模块连接最好采用屏蔽双绞线，VOUT1 和 VOUT2 与电流信号的正信号相连，COM1 和 COM2 与信号的低电平相连。

【关键点】此模块的不同通道只能同时连接电压或者电流信号，如通道 1 输出电压，那么通道 2 的输出只能是电压信号。

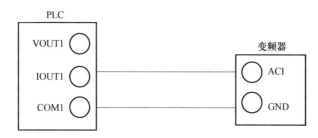

图 6.5　FX-2DA 模块与外部控制器连接（电流输出）

6.5.3　FX-2DA 模块的编程

相对于其他 PLC（如西门子 S7-200），FX2N-2DA 模块的使用不是很方便。要使用 FROM/TO 指令，使用 TO 指令启动 D/A 转换。FX-2DA 模块的 D/A 转换输出特性见表 6.5。

表 6.5　D/A 转换输出特性

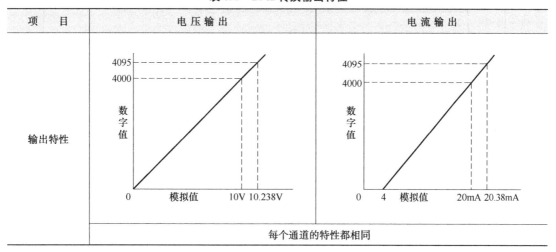

转换结果的数据在模块缓冲存储器（BFM）中的存储地址如下。

1）BFM#16 的 bit0～bit7：存储 D/A 转换数据的当前值低 8 位数据。保持以后，再存高 4 位数据到 bit8～bit11。注意，如果不保持，后面的高 4 位就会把前面的低 8 位覆盖。

2）BFM#17：通道的选择与启动信号。

① BFM#17 的 bit0：当前值把 1 改变成 0（下降沿），通道 2 开始转换。

② BFM#17 的 bit1：当前值把 1 改变成 0（下降沿），通道 1 开始转换。

③ BFM#17 的 bit2：当前值把 1 改变成 0（下降沿），D/A 转换的低 8 位数据保持。

【关键点】特殊模块 FX-2DA 转换当前值时只能保持 8 位数据，而此模块是 12 位模块，要实现 12 位转换就必须进行 2 次传送。

6.5.4　程序案例

【例 6.2】　某系统上的控制器为 FX-32MT，特殊模块 FX-2DA，要求 X000

扫一扫看视频

接通时，将 D100 中数字量转换成模拟量，在通道 1 中输出；X001 接通时，将 D101 中数字量转换成模拟量，在通道 2 中输出。

【解】 先将 D100 中的 12 位数据的低 8 位数据传送到模块的缓冲存储器 BFM#16 中，再用缓冲存储器 BFM#17 的 bit2 的保持功能，保存此数据，然后再将 D100 的高 4 位数据传送到模块的缓冲存储器 BFM#16 中，最后用 BFM#17 的 bit0/bit1 的控制功能，启动模块的 D/A 转换。

梯形图如图 6.6 所示。

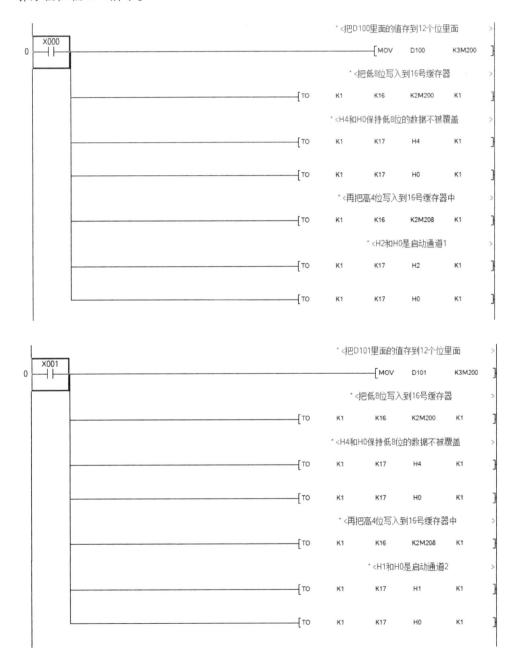

图 6.6　梯形图

6.6 FX-4AD 模块

FX-4AD 模块有 4 个通道, 也就是说最多只能和四路模拟量信号连接, 其转换精度为 12 位。与 FX-2AD 模块不同的是: FX-4AD 模块需要外接电源供电, FX-4AD 模块的外接信号可以是双极性信号 (信号可以是正信号也可以是负信号)。

6.6.1 FX-4AD 模块的参数

FX-4AD 模块的参数见表 6.6。

表 6.6 FX-4AD 模块的参数

项　　目	参　数　值		备　　注
输入通道	4 通道		4 通道输入方式可有不同
输入要求	−10~10V	4~20mA, −20~20mA	
输入极限	−15~15V	−2~60mA	
输入阻抗	≤200kΩ	≤250Ω	
数字量输入	12 位 (16 位二进制补码方式存储)		−2048~2047
分辨率	5mV (−10~10V)	20μA (−20~20mA)	
处理时间	15ms/通道		
消耗电流	24V/55mA, 5V/30mA		24V 由外部供电
编程指令	FROM/TO		

6.6.2 FX-4AD 模块的接线

FX-4AD 模块可以转换电流信号和电压信号, 但其接线有所不同, 外部电压信号与 FX-4AD 模块的连接如图 6.7 所示 (只画了 2 个通道), 传感器与模块的连接最好用屏蔽双绞线, 当模拟量的噪声或者波动较大时, 连接一个 0.1~4.7μF 的电容, V+与电压信号的正信号相连, VI−与信号的低电平相连, FG 与屏蔽层相连。FX-4AD 模块的 24V 供电要外接电源, 而+5V 直接由 PLC 通过扩展电缆提供, 并不需要外接电源。

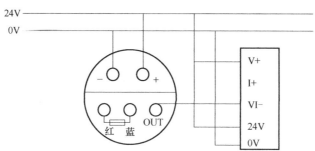

图 6.7 外部电压信号与 FX-4AD 模块的连接

外部电流信号与 FX-4AD 模块的连接如图 6.8 所示, 传感器与模块的连接最好用屏蔽双绞线，I+与电流信号的正信号相连，VI-与信号的低电平相连，V+与I+短接。

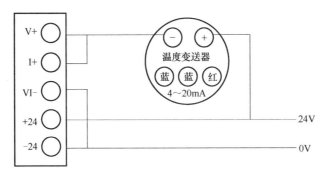

图 6.8 外部电流信号与 FX-4AD 模块的连接

【关键点】此模块的不同通道可以同时连接电压或者电流信号，如通道 1 输入电压信号，而通道 2 输入电流信号。

6.6.3 FX-4AD 模块的编程

如果是第一次使用 FX-4AD 模块，很可能会以为此模块的编程与 FX-2AD 模块是一样的，如果这样想就错了，两者的编程还是有区别的。FX-4AD 模块的 A/D 转换输出特性见表 6.7。

表 6.7 FX-4AD 模块的 A/D 转换输出特性

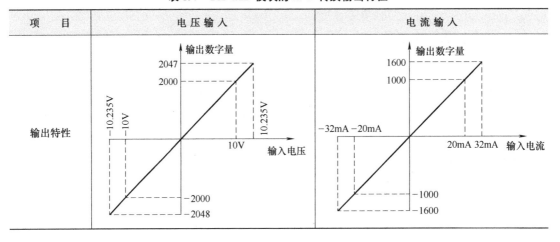

如果使用的是 4~20mA，则对应的是 0~1000 的数字量，最大 32mA，对应的是 1600 的数字量。

从前面的学习知道，使用特殊的模块时，搞清楚缓冲存储器的分配特别重要，FX2N-4AD 模块的缓冲存储器分配如下：

1）BFM#0：通道初始化，默认值 H0000，低位对应通道 1，依次对应 1~4 通道。

"0" 表示通道模拟量输入为-10~10V。

"1" 表示通道模拟量输入为 4~20mA。

"2" 表示通道模拟量输入为-20~20mA。

"3"表示通道关闭。

例如：H1111 表示 1~4 每个通道模拟量输入都是 4~20mA。TOP K0 K0 H1111 K1 或者 MOVP H1111 U0/G0 中的 U 为模块地址号（0~7），G 为缓存器编号（0~32767）。

2）BFM#1~BFM#4：对应通道 1~4 的采样次数设定，用于平均值。

3）BFM#5：通道 1 的转换结果（采样平均数）。

4）BFM#6：通道 2 的转换结果（采样平均数）。

5）BFM#7：通道 3 的转换结果（采样平均数）。

6）BFM#8：通道 4 的转换结果（采样平均数）。

7）BFM#9~BFM#12：对应通道 1~4 的当前采样值。

8）BFM#15：采样速度的设定。

"0"表示 15ms/通道。

"1"表示 60ms/通道。

9）BFM#20：通道控制数据初始化。

"0"表示正常设定。

"1"表示恢复出厂值。

10）BFM#29：模块工作状态信息，以二进制形式表示。

① BFM#29 的 bit0：为"0"时表示模块正常工作，为"1"时表示模块有报警。

② BFM#29 的 bit1：为"0"时表示模块偏移/增益调整正确，为"1"时表示模块偏移/增益调整有错误。

③ BFM#29 的 bit2：为"0"时表示模块输入电源正确，为"1"时表示模块输入电源有错误。

④ BFM#29 的 bit3：为"0"时表示模块硬件正常，为"1"时表示模块硬件有错误。

⑤ BFM#29 的 bit10：为"0"时表示数字量输出正确，为"1"时表示数字量超出正常范围。

⑥ BFM#29 的 bit11：为"0"时表示采样次数设定正确，为"1"时表示采样次数设定超出允许范围。

⑦ BFM#29 的 bit12：为"0"时表示模块偏移/增益调整允许，为"1"时表示模块偏移/增益调整被禁止。

11）BFM#30：存储的是输入模块识别号，出厂值是 2010。

6.6.4　程序案例

扫一扫看视频

【例 6.3】　特殊模块 FX2N-4AD 的通道 1 和通道 2 为电压输入，模块连接在 0 号位置，平均数设定为 4，将采集到的平均数分别存储在 PLC 的 D0 和 D1 中。

【解】　梯形图如图 6.9 所示。

第一步，在 0 号位置的模块 ID 号从 30 号缓存器中读出，并保存在 D4 中，检查该模块是否为 FX-4AD，如果是，则 M1 接通工作，这两步程序不是必要的，但是建议使用。因为可以检查模拟量的读入。

第二步，将 H3300 写入到 0 号缓存器，选择 1 和 2 号通道都为-10~10V。

第三步，分别将 4 写入到通道 1 和通道 2 中，设为平均采样数为 4。

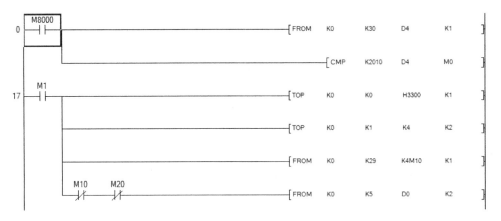

图 6.9　梯形图

第四步，模块的操作状态由 29 号缓存器读出，并存放在 K4M10 的 16 个位中。

第五步，M10 为无错误，M20 为数字输出正，如果 4AD 没有错误，则将 5 号和 6 号缓存器里面的值存到 D0 和 D1 中。

可见，FX-2AD 和 FX2N-4AD 的编程还是有差别的。FX-8AD 与 FX-4AD 模块类似，但前者的功能更强大，它可以与热电偶连接，用于测量温度信号。

6.7　FX-4DA 模块

6.7.1　FX-4DA 模块的参数

FX-4DA 模块的参数见表 6.8。

表 6.8　FX-4DA 模块的参数

项　　目	参　　数		备　　注
输出通道	4 通道		4 通道输出方式可以不一致
输出要求	−10~10V	0~20mA	
输出阻抗	≥2kΩ	≤500Ω	
数字量输出	12 位（16 位二进制补码方式存储）		−2048~2047
分辨率	5mV	20μA	
处理时间	2.1ms/通道		
消耗电流	24V/200mA，5V/30mA		
编程指令	FROM/TO		

6.7.2　FX-4DA 模块的接线

FX-4DA 模块可以转换电压和电流信号，但其接线有所不同。外部控制器与 FX-4DA 模块连接（电压输出）如图 6.10 所示，控制器与模块的连接最好用屏蔽双绞线，当模拟量的噪声与波动较大时，连接一个 0.1~4.7μF 的电容，V+ 与电压信号的正信号相连，VI− 与信号的低电平相连。FX2N-4DA 模块的 5V 电源由 PLC 通过扩展电缆提供，而 24V 需要外接电源。

控制器电流（电流输出）与 FX-4DA 连接如图 6.11 所示，控制器与模块连接最好采用屏蔽双绞线，I+ 与电流信号的正信号相连，VI- 与信号的低电平相连。

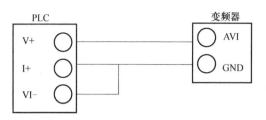
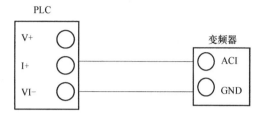

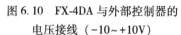

图 6.10　FX-4DA 与外部控制器的
　　　　电压接线 （-10~+10V）

图 6.11　FX-4DA 与外部控制器的电流接线

【关键点】此模块的不同通道可以同时连接电压或者电流信号，如通道 1 为输出电压信号，而通道 2 为输出电流信号。

6.7.3　FX-4DA 模块的编程

相对于其他 PLC（如西门子 S7-200），FX-4DA 模块的使用不是很方便。要使用 FROM/TO 指令，使用 TO 指令启动 D/A 转换。FX-4DA 模块的 D/A 转换输出特性见下表 6.9。

表 6.9　D/A 转换输出特性

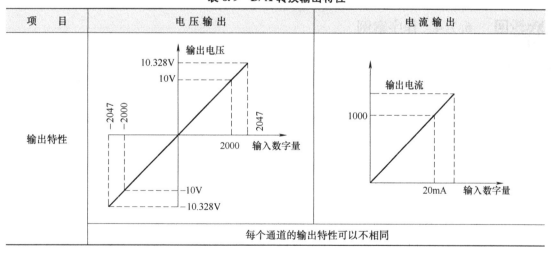

转换结果数据在模块缓冲存储器（BFM）中的存储地址如下。

1）BFM#0：通道选择与启动控制字。控制字共 4 位，每一位对应一个通道，其对应关系如图 6.12 所示。每一位中的数值含义如下；

"0" 表示通道模拟量输出为 -10~10V。

"1" 表示通道模拟量输入为 4~20mA。

"2" 表示通道模拟量输入为 0~20mA。

例如：H0022 表示通道 1 和 2 模拟量输出都是 0~20mA，而通道 3 和 4 输出为 -10~10V。

2）BFM#1~BFM#4：通道 1~4 的转换数据。

3）BFM#5：数据保持模式设定。

"0"表示转换数据在 PLC 停止运行时，仍保持不变。

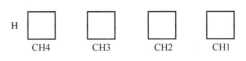

图 6.12　控制字与通道对应关系

"1"表示转换数据复位，成为偏移设定值。

4）BFM#8/BFM#9：偏移/增益设定指令。

5）BFM#10~BFM#17：偏移/增益设定值。

6）BFM#29：模块的工作状态信息，以二进制的状态表示。

① BFM#29 的 bit0：为"0"时表示没有报警，为"1"时表示有报警。

② BFM#29 的 bit1：为"0"时表示模块偏移/增益调整正确，为"1"时表示模块偏移/增益调整有错误。

③ BFM#29 的 bit2：为"0"时表示模块输入电源正确，为"1"时表示模块输入电源有错误。

④ BFM#29 的 bit3：为"0"时表示模块硬件正常，为"1"时表示模块硬件有错误。

⑤ BFM#29 的 bit10：为"0"时表示数字量输出正确，为"1"时表示数字量超出正常范围。

⑥ BFM#29 的 bit11：为"0"时表示采样次数设定正确，为"1"时表示采样次数设定超出允许范围。

⑦ BFM#29 的 bit12：为"0"时表示模块偏移/增益调整允许，为"1"时表示模块偏移增益调整被禁止。

7）BFM#30：输出模块识别号为 3020。

6.7.4　程序案例

扫一扫看视频

【例 6.4】　某系统上的控制器为 FX3U-32MT，特殊模块为 FX-4DA，要求将 D100 和 D101 中的数字量转换成 −10~10V 的模拟量，在通道 1 和通道 2 中输出；将 D102 中数字量转换成 4~20mAr 的模拟量，在通道 3 中输出；将 D103 中的数字量转换成 0~20mA 的模拟量，在通道 4 中输出。

【解】　梯形图如图 6.13 所示。

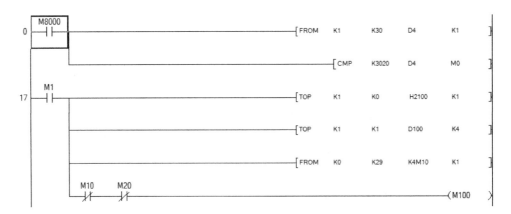

图 6.13　梯形图

第一步，在 1 号位置的模块 ID 号从 30 号缓存器中读出，并保存在 D4 中，检查该模块是否为 FX-4DA，如果是，则 M1 接通工作。

第二步，选择通道 1 和通道 2 为电压输出，通道 3 是 4~20mA，通道 4 是 0~20mA。

第三步，分别把 D100~D103 的数字量输出到 1~4 通道。

第四步，检查是否输出正常。

6.8 FX5U PLC 的内置模拟量

FX5U PLC CPU 模块中内置有模拟量电压输入为 2 点、模拟量电压输出为 1 点。要使用内置模拟量时，需通过参数进行功能等的设置。通过 FX5U PLC CPU 模块进行 A/D 转换的值，将按每个通道自动被写入至特殊寄存器。

通过在 FX5U PLC CPU 模块的特殊寄存器中设置值，D/A 转换将自动进行模拟量输出。

6.8.1 模拟量参数设置

1）打开 GX Works 3 编程软件，单击左边的导航栏，单击"参数"→"模块参数"→"模拟输入"，如图 6.14 所示，双击模拟输入，如图 6.15 所示。

2）在基本设置里面，CH1 通道 A/D 转换设置为允许，如图 6.16 所示，单击"应用"即可。

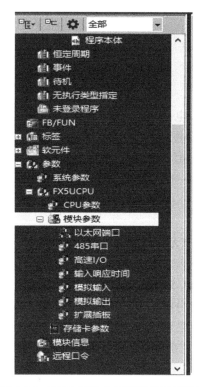

图 6.14 FX5U PLC 内置模拟量设置路径

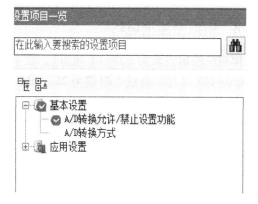

图 6.15 FX5U PLC 内置模拟量设置项目

图 6.16　FX5U PLC 内置模拟量 CH1 设置

6.8.2　模拟量接线方法

模拟量接线如图 6.17 所示。

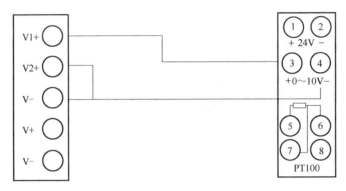

图 6.17　模拟量接线

6.8.3　模拟量输入规格

模拟量输入点数为 2 点（2 通道），模拟量输入电压为 DC 0 ~ 10V（输入电阻为 115.7kΩ），数字输出为 12 位无符号二进制数，软元件分配为 SD6020（通道 1 的输入数据）和 SD6060（通道 2 的输入数据），最大分辨率数字输出值 0 ~ 4000，最大分辨率为 2.5mV，数字输入为 12 位无符号二进制数。

6.8.4　模拟量输出规格

模拟量输出点数为 1 点（1 通道），数字输入为 12 位无符号二进制数，模拟量输出电压为 DC 0 ~ 10V（外部负载电阻值为 2k ~ 1MΩ），软元件分配为 SD6180（通道 1 的输出设定数据），最大分辨率数字输入值为 0 ~ 4000，最大分辨率为 2.5mV。

0V 输出附近存在死区，相对于数字输入值，存在部分模拟量输出值未反映的区域。

已用外部负载电阻 2kΩ 进行了出厂调节，因此如果比 2kΩ 高，则输出电压会略高。1MΩ 时，输出电压最多高出 2%。

6.8.5　模拟量输入程序案例

如图 6.18 所示，内置模拟量把通道 1 要转换的数字量直接存在 SD6020 中，用户只需要把数据传送出来，加以换算，就可以直接作为当前温度结果。K40 代表的是原来在 3U 的模拟量运算中，除以最大基数 4000，再乘以最大量程 100 的结果。

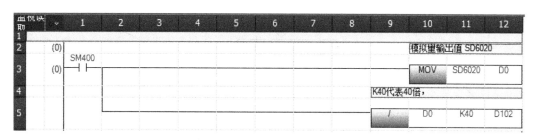

图 6.18　FX5U PLC 内置模拟量输入程序案例

6.8.6　转换为模拟量电流输入

FX5U PLC CPU 模块只支持电压输入，但在 V+、V−端子间连接 250Ω 电阻（精密电阻的精度为 0.5%）后，可以作为电流输入使用，也可并联 500Ω 电阻。请考虑最大输入电流后选择合适的电阻。不使用的通道请将 V+端子和 V−端子短路。

模拟输入为 DC 4~20mA，数字输出值为 400~2000（可利用比例缩放功能进行变更）。

6.8.7　比例缩放功能

比例缩放功能是将数字值的上限值和下限值设置为任意的值并进行缩放转换的功能。在参数里面可以设置为启用比例缩放功能。对应软元件见表 6.10。

表 6.10　比例缩放功能对应软元件

名　　　称	CH1	CH2
比例缩放启用/禁用设置	SM6028	SM6068
A/D 转换错误发生标志	SM6059	SM6099
比例缩放上限值	SD6028	SD6068
比例缩放下限值	SD6029	SD6069
A/D 转换最新错误代码	SD6059	SD6099

（1）设置比例缩放上限值/比例缩放下限值。

在比例缩放上限值中，设置与范围的 A/D 转换值的上限值（4000）对应的值。在比例缩放下限值中，设置与范围的 A/D 转换值的下限值（0）对应的值。如图 6.19 所示。

（2）比例缩放值的计算方法

使用根据以下公式进行换算的值（舍去小数点以后的值）。

$$比例缩放后的值 = \frac{数字输出值×（比例缩放上限值−比例缩放下限值）}{4000} + 比例缩放下限值$$

即使为了比最大分辨率发生更大变化而设置比例缩放上限值和比例缩放下限值，最大分辨率也不会变大。当比例缩放上限值<比例缩放下限值时，输入电压变大时数字运算值即变小。

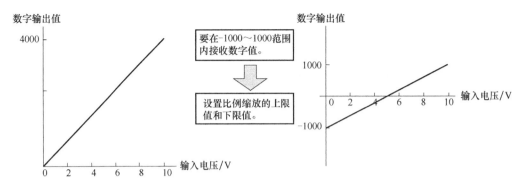

图 6.19　FX5U PLC 内置模拟量比例缩放

6.9　PID 的基本知识

6.9.1　PID 的特点

在工业控制中，PID 控制（比例-积分-微分控制）得到了广泛的应用，这是因为 PID 控制具有以下优点：

1）不需要知道被控对象的数学模型。实际上大多数工业对象准确的数学模型是无法获得的，对于这一类系统，使用 PID 控制可以得到比较满意的效果。据日本统计，目前 PID 控制及变型 PID 控制占总控制回路数的 90%左右。

2）PID 控制器具有典型的结构，程序设计简单，参数调整方便。

3）有较强的灵活性和适应性，根据被控对象的具体情况，可以采用各种 PID 控制的变型和改进的控制方式，如 PI、PD、带死区的 PID、积分分离式 PID、变速积分 PID 等。随着智能控制技术的发展，PID 控制与模糊控制、神经网络控制等现代控制方法相结合，可以实现 PID 控制器的参数自整定，使 PID 控制器具有经久不衰的生命力。

6.9.2　PID 控制的方法

如图 6.20 所示为采用 PLC 对模拟量实行 PID 控制的系统结构框图。

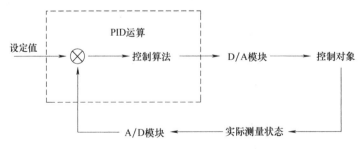

图 6.20　PID 控制系统结构框图

6.9.3　PID 运算指令

PID 指令如下图所示，源操作数［S1］、［S2］、［S3］和目标操作数［D］均为数据寄存器，[S1] 和 [S2] 分别用来存放设定值和当前测量到的反馈值，[S3]~[S3]+6 用来存放控制参数的值，运算结果存放在 [D] 中。源操作数 [S3] 占用从 [S3] 开始的 25 个数据寄存器。

```
  X10                    S1.      S2.      S3.      D.
───┤├───────────┤ PID │ D0  │ D1  │ D100 │ D200 │
```

6.9.4　PID 的参数设置表

[S3] 中的各参数的含义见表 6.11。

表 6.11　[S3] 的各参数

源操作数	参　数	设定范围或说明	备　注
[S3]	采样周期（T_s）	1~32767ms	不能小于扫描周期
[S3]+1	动作方向（ACT）	bit0：0 为正作用 　　　 1 为反作用 bit1：0 为无输入报警 　　　 1 为有输入报警 bit2：0 为无输出报警 　　　 1 为有输出报警 bit3：不使用 bit4：不使用 bit5：0 为输出不限制 　　　 1 为输出限制	bit6~bit15 不用
[S3]+2	输入滤波常数（L）	0~99（%）	
[S3]+3	比例增益（K_p）	1%~32767%	
[S3]+4	积分时间（T_I）	0~32767（×100ms）	0 与 ∝ 作同样处理
[S3]+5	微分增益（K_D）	0~100（%）	
[S3]+6	微分时间（T_D）	0~32767（×10ms）	0 为无微分
[S3]+7~[S3]+19	—	—	PID 运算占用
[S3]+20	输入变化量（增方）警报设定值	0~32767	由用户设定
[S3]+21	输入变化量（减方）警报设定值	0~32767	ACT（[S3]+1） 为 K2~K7 时有效 即 ACT 的 bit2 和 bit5 至少 有一个为 1 时才有效
[S3]+22	输出（增方）警报或限制设定值	0~32767	
[S3]+23	输出（减方）警报或限制设定值	0~32767	
[S3]+24	报警输出	bit0：输入变化量超出（上） bit1：输入变化量超出（下） bit2：输出变化量超出（上） bit3：输出变化量超出（下）	当 ACT 的 bit1 和 bit2 都为 0 时，[S3]+（20~24）都 无效

　　PID 指令可以同时多次使用，但是用于运算的 [S3]、[D] 的数据寄存器元件号不能重复。PID 指令可以在定时中断、子程序、步进指令和转移指令内使用，但是应将 [S3]+7 清零（采用脉冲执行的 MOV 指令）之后才能使用。控制参数的设定和 PID 运算中的数据出现

错误时,"运算错误"标志 M8067 为 ON,错误代码存放在 D8067 中。

PID 指令采用增量式 PID 算法,控制算法中还综合使用了反馈量一阶惯性数字滤波、不完全微分和反馈量微分等措施,使该指令比普通的 PID 算法具有更好的控制效果。

PID 控制是根据"动作方向"([S3]+1)的设定内容,进行正作用或反作用的 PID 运算。

扫一扫看视频

6.9.5　PID 恒定转速程序案例

下面的 PID 案例是一个恒定电动机转速的程序,程序大概分为三段(见图 6.21~图 6.23),第一段为采集转速程序,第二段为 PID 参数程序,第三段是 PID 计算结果通过 2DA 模块输出给变频器以控制转速。

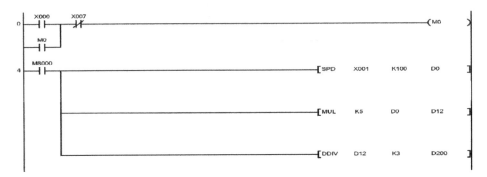

图 6.21　PLC 采集电动机转速

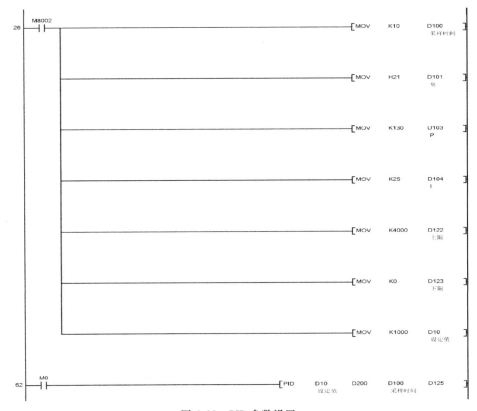

图 6.22　PID 参数设置

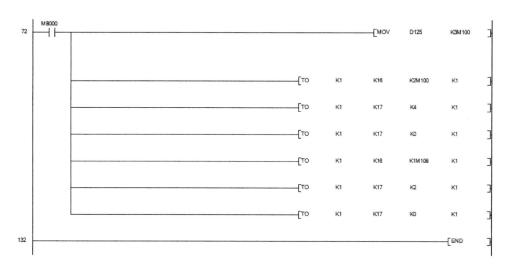

图 6.23　PID 利用模拟量输出控制恒转速

第7章
变频器在调速系统中的应用

7.1 变频器基本知识

变频器是利用电力半导体器件的通断作用，将工频电源变换为另一频率的电能控制装置。变频器有着现代工业维生素之称，在节能方面的效果不容忽视。随着各界对变频器的节能技术和应用方面认识逐渐加深，我国的变频器市场变得非常活跃。

变频器产生的最初目的是速度控制，应用于印刷、电梯、纺织、机床等行业，而目前大部分用以节能。由于我国是能源消耗大国。而我国的能源储备又相对匮乏，因此国家大力提倡各种节能措施，其着重推荐了变频器调速技术，在水泵、中央空调等领域，变频器可以取代传统的通过限流和回流旁路技术，充分发挥节能作用。在火电、冶金、矿山、建材等行业，高压变频调速的交流电机系统的经济价值正在得以体现。

变频器是一种高技术含量、高附加值、高效益回报的高科技产品。符合国家产业发展政策，在过去的几十年，我国变频器行业从起步阶段到目前正逐步开始成熟，发展十分迅速，进入 21 世纪以来，我国中、低压变频器市场的增长速度超过了 20%，远远大于 GDP 增长水平。

从变频器所处的行业宏观环境来看，无论是国家中长期规划、短期的重点工程、政策法规、国民经济整体运行趋势，还是人们节能环保意识的增强，技术的创新，发展高科技产业的要求，从国家相关部委到各个行业，都高度重视和广泛关注，市场吸引力巨大，本章主要介绍台达变频器的基本使用方法、PLC 控制变频器的多段调速、PLC 控制变频器的模拟量调速和 RS485 调速。台达 M 系列变频器如图 7.1 所示。

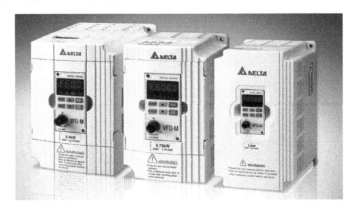

图 7.1　台达 M 系列变频器

7.2　台达 M 系列变频器使用简介

7.2.1　型号说明

图 7.2 为变频器型号说明。

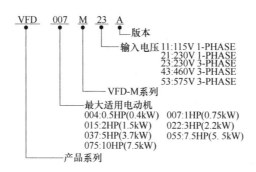

图 7.2　变频器型号说明

7.2.2　控制端子说明

图 7.3 为变频器端子说明。

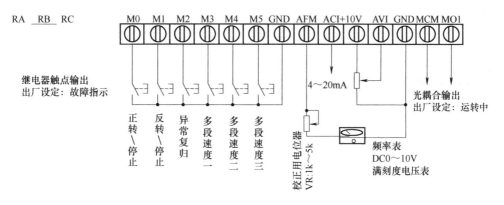

图 7-3　变频器端子说明

7.2.3　面板显示功能说明

台达 M 系列变频器面板显示功能说明见表 7.1。

表 7.1　面板显示功能说明

显 示 项 目	说　　　明
F60.0	显示变频器目前的设定频率
H60.0	显示变频器实际输出到电机的频率

(续)

显示项目	说　　　明
‖600.	显示用户定义的物理量（v）（其中 $v=H\times P65$）
‖ 5.0	显示变频器输出侧 U、V 及 W 的输出电流
‖ 50	显示变频器目前正在执行自动运行程序
P 01	显示参数项目
01	显示参数内容值
Frd	目前变频器正处于正转状态
rEu	目前变频器正处于反转状态
End	若由显示区读到 End 的信息（如左图所示）大约 1s，表示数据已被接收并自动存入内部存储器
Err	若设定的数据未被接收或数值超出时即会显示

7.3　面板控制启动/停止方法

7.3.1　面板控制

在电源通电的情况下，将参数 P00 调成 00，P01 调成 00，按下 RUN 键时，RUN 及 FWD 指示灯都会亮起，表示运转命令为正转。加减频率时，按上键为加频率，按下键为减频率。减速停止只要按下 STOP 键即可。

7.3.2　旋钮控制

如果将参数 P00 调成 04，就可以用旋钮加减频率。

7.4　外部端子控制方法案例

7.4.1　控制电动机正反转

将参数 P00 调成 00，P01 调成 01，即可用外部端子控制变频器的启动与停止。X000 用于启动变频器的正转，X001 用于停止，X002 用于启动反转。

7.4.2　控制电动机多段速运转

将参数 P17～P23 分别设定为不同的频率，利用 X003～X005 的接通与断开，即可实现七段速度。

例如：用 X000 来启动变频器的正转，X001 用于停止，X002 用于启动反转，X003～X005 分别启动多段速，接线图如图 7.4 所示。

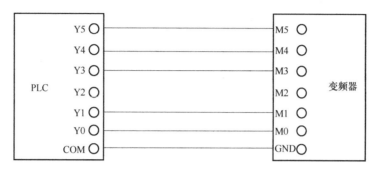

图 7.4　接线图

案例程序如图 7.5 所示。

```
       X000   X001                                              (Y000  )
  0  ───┤├────┤/├──────────────────────────────────────────────(      )

       Y000
     ──┤├──┘

       X002   X001                                              (Y001  )
  4  ───┤├────┤/├──────────────────────────────────────────────(      )

       Y001          ┌─────┐
     ──┤├──┘         │     │
                     └─────┘

       X003                                                     (Y003  )
  8  ───┤├──────────────────────────────────────────────────────(      )

       X004                                                     (Y004  )
 10  ───┤├──────────────────────────────────────────────────────(      )

       X005                                                     (Y005  )
 12  ───┤├──────────────────────────────────────────────────────(      )

 14  ───────────────────────────────────────────────────────────[END  ]
```

图 7.5　程序

解释：

当 X000 接通以后，Y000 启动正转，在电动机做正反转运动的时候，一定要考虑到互锁的问题，图 7.5 故意没有加互锁，就是为了让读者思考，并发现问题。

当 X001 接通后，正转停止，X001 为正反转共同的停止按钮。

当 X002 接通，电动机反转。

当 X003 接通，电动机以 P17 设定的频率运行。

当 X004 接通，电动机以 P18 设定的频率运行。

当 X003 和 X004 同时接通，电动机以 P19 设定的频率运行。

当 X005 接通，电动机以 P20 设定的频率运行。

当 X003 和 X005 接通，电动机以 P21 设定的频率运行。

当 X004 和 X005 接通，电动机以 P22 设定的频率运行。

当 X003、X004 和 X005 接通，电动机以 P23 设定频率运行。

如果想要保持多段速，可以使用置位与复位。

模拟量控制变频器案例

7.5.1 参数调试

要使用模拟量控制变频器，必须先将参数 P00 设置成 01 或者是 02，01 是 0~10V 的电压输出，02 是 4~20mA 电流输出，这是取决于模拟量模块输出接线方法的。前面学习模拟量的时候，已经讲过模拟量电压或电流输出的接线方法，在这里不做介绍。再将 P01 设置成 00，按下变频器 RUN 按钮，可启动变频器。

7.5.2 程序案例

图 7.6 所示为用模拟量 4~20mA 控制变频器的频率。具体是用 PT100 采集当前的温度，先转换成当前的实时温度，然后再输出到变频器，并且控制变频器的频率，温度越高，频率越高，温度越低，频率也就越低。第一段程序是模拟量 CH1 通道的采集值，第二段程序是把模拟量转换成实时温度的工程换算程序，第三段程序是把采集的数字量又转换成模拟量输出给变频器，并且实时控制变频器的频率。

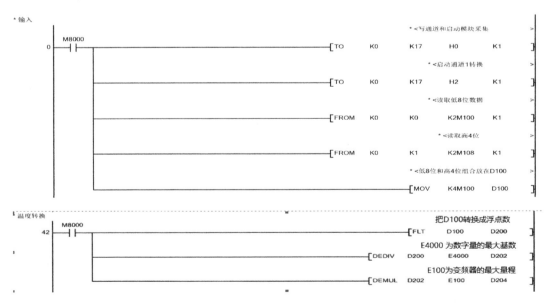

图 7.6 控制变频器的频率

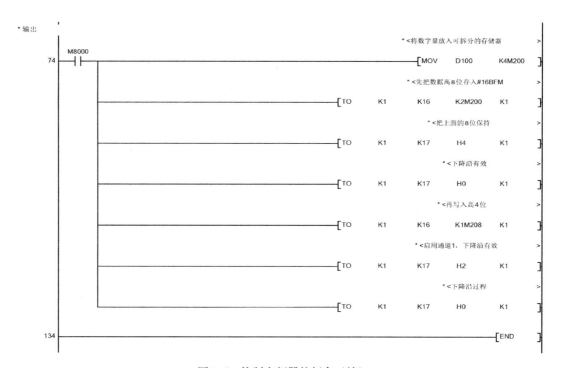

图 7.6　控制变频器的频率（续）

第8章

FX3U 和 FX5U PLC 的通信

8.1 通信基本知识

只要两个系统之间存在着信息交换。那么这种交换就是通信。通过对通信技术的应用，可以实现在多个系统之间的数据传送交换和处理。一个通信系统，从硬件设备来看，是由发送设备、接收设备、控制设备和通信介质等组成的。从软件方面来看，还必须有通信协议和通信软件的配合。如图 8.1 所示。

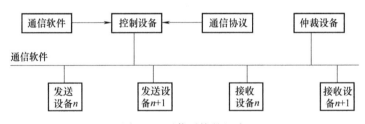

图 8.1 通信系统的组成

对于一个数据通信系统来说，可以有多个发送设备和多个接收设备，而且有的通信系统还有专门的仲裁设备来指挥多个发送设备的发送顺序，避免造成数据和总线的拥堵和死锁。

在数据通信系统中，一个通信设备的功能是多样的，有些设备在它发送数据的同时也可以接收来自其他设备的信息，有些设备虽然只能接收数据，但同时也可以发送一些反馈信息。控制设备则是按照通信协议和通信软件的要求对发送和接收之间进行同步协调，确保信息发送和接收的正确性和一致性。通信介质是数据传输的通道，不同的通信系统对于通信介质在速度、安全、抗干扰性等方面也有不同的要求，通信协议则是通信双方所约定的通信规程。它规定了数据传输的硬件标准、数据传输的方式及数据通信的数据格式等各种数据传送的规则。这是数据通信所必需的，其目的是更有效地保证通信的正确性，更充分地利用通信资源和保障通信的顺畅。通信软件是人与通信系统之间的一个接口。使用者通过通信软件了解整个通信系统的运行情况，进而对通信系统进行各种控制和管理。

PLC 通信是指 PLC 与计算机，PLC 和 PLC 之间以及 PLC 与外部设备之间的通信。PLC 通信的目的就是要将多个远程 PLC、计算机以及外部设备进行互连。通过某种共同约定的通信方式和通信协议进行数据信息的传输、处理和交换。用户既可以通过计算机来控制和监视多台 PLC 设备，也可以实现多台 PLC 之间的联网以及组成不同的控制系统，还可以直接用PLC 对外围设备进行通信控制，PLC 与变频器、温控仪、伺服、步进等的控制就是这种类型的控制。

8.2 PLC 通信的方式

8.2.1 按传送位数分类

（1）并行通信

并行通信以字（16 位的二进制数）或字节（8 位二进制数）为单位进行传送。字中各位是同时进行传送的。除了地线外，N 位必须要 N 根线，其特点是传输速度快，通信线多，成本高，不适宜长距离通信传输。计算机或 PLC 内部总线都是以并行方式传送的。PLC 和扩展模块之间或近距离智能模块之间的数据通信也是通过总线以并行方式交换数据的。

（2）串行通信

串行通信是以二进制的位（bit）为单位的数据传送方式，每次只传送一位，除了地线外，在一个数据传送方向上只需要一根数据线，这根线作为数据线又作为通信联络控制线，数据和联络信号在这根线上进行传送。串行通信需要的信号线少，最少的只需要两三根线，适用于距离较远的场合。计算机和 PLC 设备都有通用的串行通信接口。工业控制中一般使用串行通信。串行通信多用于 PLC 与计算机之间，多台 PLC 之间和 PLC 与外围设备之间的数据通信。

在串行通信中，通信的速率与时钟脉冲有关，接收方和发送方的传送速率应该相同，但是实际的发送速率与接收速率之间总是有一些微小的差别，如果不采取一定的措施，在连续传送大量的信息时，将会因积累误差造成错误，使接收方收到错误的信息。为了解决这一问题，需要使发送和接收同步，按同步方式的不同，可将串行通信分为同步通信和异步通信。

1）同步通信。

同步通信是以字节为单位（一个字节由 8 位二进制数据组成），每次传送一到两个同步字符、若干个数据字符和校验字符，同步字符起联络作用，用来通知接收方开始接收数据，在同步通信中发送方和接收方要保持完全的同步，这意味着发送方和接收方应使用同一时钟脉冲，在近距离通信时，可以在传输线中设置一个时钟，在远距离通信时可以在通信数据流中提取出同步信号，使接收方得到与发送方完全相同的接收时钟信号。由于同步通信方式不需要在每个数据字符中加起始位停止位和奇偶校验位，只需要在数据之前加一两个同步字符，所以传输效率高，但是对硬件的要求较高，一般用于高速通信。

2）异步通信。

异步通信是指在数据传送过程中，发送方可以在任意时刻传送字串，两个字串之间的时间间隔是不固定的，接收方必须时刻做好接收的准备。在传送一个字时，所有的位都是连续发送的。异步通信速率低，但通信方式简单可靠，成本低，容易实现异步通信传送附加的非有效信息较多，传输效率较低，一般用于低速通信，这种通信方式广泛应用在 PLC 系统中。异步通信有个缺点，就是信号传送过来时，接收方不知道发送方是什么时候发送的信息，很可能会出现当接收方检测到数据并做出响应前，第一批数据位已经过去了，因此首先要解决的问题是如何通知传送的数据到了。发生异步通信的两个设备的时钟频率可能不一样，如 PLC 采用的是 CPU 的时钟频率，而变频器与 CPU 的时钟频率不一样，此时需要将两个时钟频率调整至一致，这是进行异步通信的基础，要解决这些问题就要通过通信格式来解决，在后面将专门介绍。

还必须注意的同步通信中的帧与异步通信中的帧是不一样的，同步的帧是只在一个数据块内可以有很多字符，而异步的帧则是一个字符串。

8.2.2 按传送方向分类

在串行通信中，按照数据流的方向可分成三种基本的传送方式，即单工、半双工和全双工。

（1）单工通信方式

单工通信方式的数据传送始终保持同一方向，如图 8.2 所示。

图 8.2 单工通信

单工通信中的数据传送是单向的，发送方的和接收方的身份是固定的，发送方只能发送，接收方只能接收，如遥控器、打印机等。单工方式在 PLC 通信中很少采用，这里不做介绍。

（2）半双工通信方式

半双工通信中，数据传送是双向的，但某一刻只能在一个方向上传送（用同一对传输线即接收又发送的线），虽然数据可以在两个方向上传送，但通信双方不能同时收发数据。这样的传送方式就是半双工制，如图 8.3 所示。采用半双工方式的通信系统，每一方的发送器和接收器都通过收发开关转接到通信线上进行方向的切换，因此会产生时间延迟。收发开关实际上是有软件控制的电子开关。

（3）全双工通信方式

全双工通信中，数据传送在任何时刻都可以在两个方向上传送，当数据的发送和接收分别有两根不同的传输线传输时，通信双方都能在同一时刻进行发送和接收操作，这样的传送方式就是全双工，如图 8.4 所示，在全双工方式下通信系统的每一方都设置了发送器和接收器，因此能控制数据同时在两个方向上传送。全双工方式无须进行方向的切换，所以没有切换操作所产生的时间延迟，这对那些不能有时间延迟的交互式应用（如远程监测和控制系统）十分有利，这种方式要求通信双方均有发送器和接收器，同时还需要两根数据线传送数据信号。

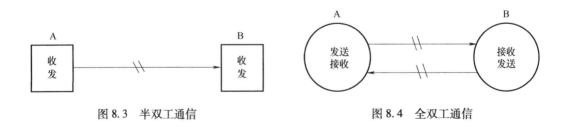

图 8.3 半双工通信　　　　　　　　　图 8.4 全双工通信

目前多数终端和串行接口都为半双工方式提供了换向能力，也为全双工方式提供了两根独立的引脚，在实际使用中一般并不需要通信双方同时发送和接收。在 PLC 与变频器的通信中，半双工方式和全双工方式都在应用。

通信格式和数据格式

8.3.1　串行异步通信基础

异步通信是指在数据传送过程中，发送方可以在任意时刻传送字串，两个字串之间的时间间隔不固定。接收方必须时刻做好接收的准备，也就是说接收方不知道发送方什么时候发送信号，很可能会出现当接收方检测到数据并做出响应前，第一位数据已经发送过去了，因此首先要解决的问题就是如何通知传送的数据到了。其次，接收方如何知道一个字符发送完毕，要能够区分上一个字符和下一个字符。再次，接收方收到一个字符后，如何知道这个字符没有错。要解决这些问题就要通过数据格式来解决，这是下面要介绍的重点。

8.3.2　异步通信格式

1. 起止式异步通信

如图 8.5 所示为起止式异步通信一个字符的数据格式。

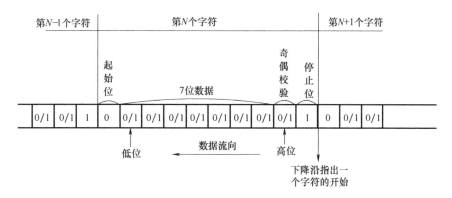

图 8.5　起止式异步通信

起止式异步通信的特点是，一个字符一个字符地传送，每个字符一位一位地连续传送，并且传送每个字符时，总是以"起始位"开始，以"停止位"结束，字符之间没有固定的时间间隔要求。每个字符的前面都有一位起始位（低电平，逻辑值 0），字符本身由 5~8 位数据位组成，接着字符后面是一位校验位（也可以没有校验位），最后是一位或一位半或两位停止位，停止位后面是不定长的空闲位（字符间隔）。停止位和空闲位都规定为高电平（逻辑值 1），这样就保证起始位开始处一定有一个下跳沿。这种格式是靠起始位和停止位来实现字符的界定或同步的，故称为起止式。

下面介绍一下字符数据格式中各部分的内容。

1）一个字符信息的开始，通信线路上没有数据传送时处于逻辑 1 状态，当发送方要发送一个字串时，首先发一个逻辑 0 信号，这个逻辑 0 就是起始位。接收方用这个位使自己的时钟与发送数据同步，起始位所起的作用就是设备同步。起始位占用 1 位。

2）数据位：一个字符信息的内容，数据位的个数可以是 5 位、6 位、7 位或 8 位，在 PLC 中常用 7 位或 8 位。数据位是真正要传送的内容，有时也称为信息位。

3）校验位：校验位是为检验数据传送的正确性而设置的，也可以没有。就数据通信而言，校验位是冗余位，主要是为增强数据传送可靠性而设置。在异步通信中，常用奇偶校验。这种纠错方法，虽然纠错有限，但很容易实现，通常做成奇偶校验电路集成在通信控制芯片中。校验位占用1位。

4）停止位：一个字符信息的结束，可以是1位、1.5位、2位。当接收设备收到停止位后，通信线又恢复到逻辑1状态，直到下一个字符起始位（逻辑0）到来。在PLC通信控制中，通常采用1个停止位，占用1位。时钟同步的问题是靠停止位来解决的。停止位越多，不同时钟同步的容忍度越大，但传送速率也越慢。由上述数据格式可以看出，每传送一个字符信息，真正有用的是数据位内容，而起始位、校验位、停止位就占了28%的资源，因此它的资源浪费非常严重，这也是异步通信速度比较慢的原因。任何一个PLC与变频器要进行通信，如果是采用起止式异步通信，都必须符合这个字符数据格式。

2. 异步通信的数据传送方式

异步通信的数据传送方式是一个字符一个字符地传输，每个字符一位一位地连续传输，并且传输一个字符时，总是从低位（b0）开始，依次传送到高位（b7）结束。如图8.6所示。

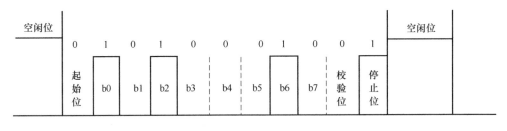

图8.6　数据传送方式

3. 异步通信的波特率

在串行通信中，通常用"波特率"来描述数据的传输速率。所谓波特率，是指每秒传送的二进制位数，其单位为bit/s。它是衡量串行数据速度快慢的重要指标。国际上规定了一个标准波特率系列：110bit/s、300bit/s、600bit/s、1200bit/s、1800bit/s、2400bit/s、4800bit/s、9600bit/s、144kbit/s、19.2kbit/s、28.8kbit/s、33.6kbit/s、56kbit/s。例如，9600bit/s指每秒传送960位，包含字符的有效位和其他必需的数位，如奇偶校验位等。大多数串行接口电路的接收波特率和发送波特率可以分别设置，但接收方的接收波特率必须与发送方的发送波特率相同，否则数据不能传送。通信线上所传输的字符数据（代码）是逐位传送的，1个字符由若干位组成，因此每秒所传输的字符数（字符速率）和波特率是两个概念。在串行通信中，所说的传输速率是指波特率，而不是指字符速率。它们两者的关系是：假如在异步串行通信中传送一个字符，包括12位（其中有1个起始位、8个数据位、1个校验位、2个停止位），其传输速率是1200bit/s，每秒所能传送的字符数是1200/(1+8+1+2)=100个。

4. 异步通信的奇偶校验

奇偶校验是异步通信中最常用的校验方法，其校验是由校验电路自动完成的。其校验方法如下。

奇校验：在一组给定数据中，"1"的个数为偶，校验位为 1；"1"的个数为奇，校验位为 0。

偶校验：在一组给定数据中，"1"的个数为偶，校验位为 0；"1"的个数为奇，校验位为 1。

奇偶校验方法简单、实用，但无法确定哪一位出错，也不能纠错。奇偶校验可以进行奇校验，也可以进行偶校验。

如下 5 组 8 位二进制数据：

		奇校	偶校
64H	01100100	0	1
2EH	00101110	1	0
7BH	01111011	1	0
C5H	11000101	1	0
13H	00010011	0	1

上例中有 5 组数据，对第一组数据进行校验，有 3 个 "1"，"1"的个数为奇，奇校验，校验位为 0，偶校验，校验位为 1。对第二组数据进行校验，有 4 个 "1"，"1"的个数为偶，那么奇校验校验位为 1，偶校验校验位为 0。其他以此类推。

5. 异步通信的通信格式

前面介绍的异步通信的字符数据格式和波特率，称为串行异步通信的通信格式。在串行异步通信中，通信双方必须就通信格式进行统一规定，也就是就一个字符的数据长度、有无校验位、校验方法和停止位的长度及传输速率（波特率）进行统一设置，这样才能保证双方通信的正确。如果不一样，哪怕一个规定不一样，都不能保证正确进行通信。当 PLC 与变频器或智能控制装置通信时，对 PLC 来说，通信格式的内容变成一个 16 位二进制的数（称通信格式字）存储在指定的存储单元中，而对变频器和智能控制装置来说，则是通过对相关通信参数的设定来完成通信格式的设置。通信格式实际上是通信双方在硬件上所要求的统一规定。通信格式的设置是由硬件电路来完成的。也就是说，通信格式中的数据位、停止位及奇偶校验位均是由电路来完成的。控制设备中通信参数的设定实际上是控制硬件电路的变化。有些控制设备的通信格式是规定的，不能变化，在具体应用中必须注意这一点。至于硬件电路是如何来完成通信格式的规定和如何进行数据信息传输的，不在本书的范围之内，请参看相关资料。

6. RS485 标准接口通信格式

表 8.1 为 RS485 标准接口通信格式，通信格式随控制设备的通信协议不同会有差异，但 b0~b7 位适用于所有使用 RS485 总线的控制设备。而 b8~b15，这里没有定义，留给生产厂家定义。三菱 FX 通信规定了 "b11 b10 b9" 为控制线选取方式，当使用通信板卡 PX3U-485-BD 时，这时 b11 b10＝11。

表 8.1　RS485 标准接口通信格式

位	内容	0	1
b0	数据长度	7 位	8 位
b2 b1	校验码	00：无校验（N）；01：奇校验（O）；11：偶校验（E）	

（续）

位	内容	0	1
b3	停止位	1 位	2 位
b7 b6 b5 b4	波特率	0011：300，0100：600，0101：1200，0110：2400， 0111：4800，1000：9600，1001：19200	
b8~b11		未定义	
b12~b15		无定义	

通信格式的内容组成 16 位二进制数，称为通信格式字，这个字要写到主站（一般为 PLC）的指定的特殊单元，不同厂家的 PLC 写入的单元也不同。例如，三菱 FX3U PLC 是写入 D8120，台达 PLC 是写入 D1120，西门子 S7-200 PLC 是写入 SMB30 或 SMB130（但其写入格式与表 8.2 有差异，而且仅 b0~b7 这 8 位二进制数）。

下面举例说明通信格式字的编写。

【例 8.1】　某控制设备其通信参数如下，试写出通信格式字。

数据长度为 8 位，则 b0=1；

校验方式为偶校验，则 b2 b1=11；

停止位为 1 位，则 b3=0；

波特率为 19200bit/s，则 b7 b6 b5 b4=1001。

【解】　根据上述内容，可知其通信格式字为

b15 b14 b13 b12　b11 b10 b9 b8　b7 b6 b5 b4　b3 b2 b1 b0

0　0　0　0　　0　0　0　0　　1　0　0　1　　0　1　1　1

　　　0　　　　　　0　　　　　　9　　　　　　7

然后把这个 16 位二进制数转换成十六进制就是 H0097，所以通信格式字为 H0097。

8.4　通信协议

8.4.1　通信协议概述

1. 什么是通信协议？

所谓的通信协议是指通信双方对数据传送控制的一种约定，约定包括对通信接口、同步方式、通信格式、传送速度、传送介质、传送步骤、数据格式以及控制字符等一系列的内容做出统一规定，通信双方必须遵守，因此又称为通信规程。

举个例子，两个人进行远距离通话，一个在北京，一个在上海，如果光用口说，那肯定是听不到的，也不能达到通话的目的。那么，如果要正确地进行通话，要具备哪些条件呢？首先是用什么通信手段，是移动电话、座机还是网络视频，这就是通信接口的问题。都是用移动电话，则可以直接进行通话。如果一个是用移动，另一个是联通或座机，那还要进行转换，要把两个不同的接口标准换成一个标准。在网络通信中，这种通信手段就是物理层所定义的通信接口标准。通常说的 RS232、RS422 和 RS485 就是通信接口标准，在 PLC 与变频器的通信中，如果 PLC 是 RS422 标准，而变频器是 RS485 标准，则不能直接进行通信，必须进行转换，要么把 RS422 转换成 RS485，要么把 RS485 转换成 RS422。其次，还要解决语言

的问题，如果北京的人说英语，上海的人说普通话（这里假设一方只能懂一种语言）。虽然接通了，仍然不能通话，因为听不懂。所以，还必须规定只能说一种双方都懂的语言，在网络通信中，这就是信息传输的规程，也就是通常所说的通信协议。

综上所述，通信协议应该包含两部分内容：一是硬件协议，即所谓的接口标准；二是软件协议，即所谓的通信协议。

2. 硬件协议——串行数据接口标准和通信格式

如上所述，硬件协议——串行数据接口标准属于物理层。而物理层是为建立、保持和断开在物理实体之间的物理连接，提供机械的、电气的、功能性的特性和规程。

因此，串行数据接口标准对接口的电气特性要做出规定，如逻辑状态的电平、信号传输方式、传输速率、传输介质、传输距离等；还要给出使用的范围，是点对点，还是点对多。同时，标准还要对所用硬件做出规定，如用什么连接件、用什么数据线，以及连接件的引脚和通信时的连接方式等，必要时还要对使用接口标准的软件通信协议提出要求。在串行数据接口标准中，最常用的是 RS232 和 RS485 串行接口标准，后面将详细介绍。

在 PLC 通信系统中，采用的是异步传送通信方式，这种方式速率低，但通信保障高，成本低。容易实现。异步通信在数据传送过程中，发送方可以在任意时刻传送字符串。两个字符串之间的时间间隔是不固定的，接收方必须时刻做好接收的准备。也就是说。为接收方不知道发送方时候发送信号，很可能会出现当接收方检测到数据并做出响应前，第一位比特已经发过去了。因此首先要解决的问题就是，如何通知传送的数据到了。其次，接收方如何知道一个字符发送完毕，要能够区分上一个字符和下一个字符。再次，接收方接收到一个字符后如何知道这个字符没有错误，这些问题是通过通信格式的设置来解决的。

3. 软件协议——通信协议

软件协议主要对信息的传输内容做出规定，信息传输主要的内容是：对通信接口提出的要求及对控制设备之间的通信方式进行了规定，规定了查询和应答的通信周期，同时，还规定了传输数据的信息帧（数据格式）的结构、设备的站址、功能码及所发送数据、错误检测、信息传送中字符的制式等。

通信协议分为通用通信协议和专用通信协议两种，通用通信协议是公开透明的，例如 MODBUS 通信协议，供应商可无偿采用，而专用通信协议则是供应商对自己的产品开发的专门的控制协议，如三菱变频器的专用通信协议和西门子变频器的 USS 协议等。

8.4.2　RS232 通信接口标准

RS232C 标准最初是为远程通信连接数据终端设备（DTE）与数据通信设备（DCE）而制定的。因此，这个标准的制定并未考虑计算机系统的应用要求。但目前它又广泛地被借来用作计算机（更准确地说，是计算机接口）与终端或外设之间的近端连接标准，例如，目前计算机上的 COM1、COM2 接口就是 RS232C 接口。RS232 接口在现场设备控制过程中用得比较少，本文不做过多介绍！

8.4.3　RS485 通信接口标准

为扩展应用范围，EIA 又于 1983 年在 RS422 标准的基础上制定了 RS485 标准，它采用平衡驱动器和差分接收器的组合，具有很好的抗噪声干扰性能。它的最大传输距离为 1200m，实际可达 3000m，传输速率最高可达 10Mbit/s。

RS485 采用半双工通信方式，允许在简单的一对屏蔽双绞线上进行多点、双向通信，即允许多个发送器连接到同一条总线上；同时，增加了发送器的驱动能力和冲突保护特性，扩展了总线共模范围。利用单一的 RS485 接口，可以很方便地建立起一个分布式控制的设备网络系统，因此，RS485 现已成为首选的串行接口标准。

大部分控制设备和智能化仪器仪表设备都配有 RS485 标准的通信接口，因此，这里不再介绍 RS422，而是重点介绍 RS485 串行通信接口标准。

由于 RS485 采用平衡驱动器、差分接收器电路，从根本上取消了信号地线，大大减少了地平线带来的共模干扰，平衡驱动器相当于两个单独驱动器，其输入信号相同，两个输出信号互为反相信号，外部输入的干扰信号以共模方式出现，两级传送线上的共模干扰信号相同，因为接收器是差分输入，共模信号可以互相抵消，只要接收器有足够的抗共模干扰能力，就能从干扰信号中识别出驱动器输出的有用信号，从而克服外部干扰。

RS485 是半双工通信方式，如前所述，通过开关来转换发送和接收，而使能端相当于这个开关，在电路上就是通过这个使能端，控制数据信号的发送和接收。在使能端如果信号是 1，信号就能输出，如果信号是 0，信号就无法输出。

RS485 接口最大的传输距离标准值为 1200m，实际上可达 3000m。在 1∶N 方式中，RS485 的节点数是 1 发 32 收，即一台 PLC 可以带 32 台通信装置，因为它本身的通信速度不高，带多了必然会影响控制的响应速度，所以一般只能带 4~8 台。PLC 与控制装置的通信基本上都采用的是 RS485 串行通信接口标准。

因为 RS485 接口组成的半双工网络一般只需要两根线，所以对 RS485 接口连接器并没有强制的统一规定，但工业控制基本上都有配置，在变频器和 PLC 中，有的干脆用接线端子进行双绞线的连接，有的则用水晶头 RJ45 或 RJ11。如图 8.7 所示为两线制，主机与从机同名端相连，两线制能实现多点双向通信。

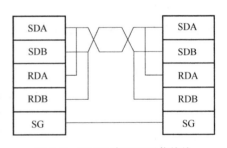

图 8.7　RS485 半双工通信接线

8.5 MODBUS 通信协议介绍

8.5.1　MODBUS 的 RTU 通信协议

在目前工业领域中，各个设备供应商基本上都推出了自己的专用通信协议。但是为了兼容，几乎所有的设备都支持 MODBUS 通信协议，下面先了解一下这个协议的基本情况，然后再详细地介绍这个协议。

MODBUS 协议是美国 MODICON（莫迪康）公司（后被施耐德公司收购）首先推出的基于 RS485 总线的通信协议，其物理层为 RS232/RS422/RS485 接口标准。

MODBUS 协议定义了一个控制器能认识和使用的信息帧结构，而不管它们是经过何种网络进行通信的。它描述了一个控制器请求访问其他设备的过程，如何回答来自其他设备的请求，以及怎样检测错误并记录。

MODBUS 协议还决定了在网上通信时，每个控制器需要知道它们的设备地址，识别按地址发来的信息，决定产生何种行动。如果需要反馈，控制器将生成反馈信息，并用 MODBUS 协议发出。

MODBUS 协议是一种主从式串行异步半双工通信协议。采用主从式通信结构，可使一个主站对多个从站进行双向通信，主站可单独和从站通信，也可以广播的方式和所有从站通信，如果单独通信，从站返回消息作为回答；如果以广播方式查询，则从站不做任何回应。协议制定了主站的查询格式，从站回应消息格式也由协议制定。

MODBUS 协议提供了 ASCII 码和 RTU（远程终端单元）两种通信方式。RTU 的通信速率比 ASCII 码要快，其物理接口为 RS232/RS422/RS485 标准接口。传输速率可以达到 115kbit/s，理论上可接 1 台主站和多至 247 台从站，但受线路和设备的限制，最多可接 1 台主站和 32 台从站。

MODBUS 协议某些特性是固定的，如信息帧结构、帧顺序、通信错误、异常情况的处理和所执行的功能等，都不能随便改动，其他特性是属于用户可选的，如传输介质、波特率、字符的偶校验、停止位个数等。传输方式为 RTU 时，用户所选必须一致，在系统运行中不能改变。

由于 MODBUS 是一个公开透明的，所需的软、硬件又非常简单的协议，这就使工业控制设备和智能化装备都支持 MODBUS 协议。通过 MODBUS 协议，不同厂商所生产的控制设备和智能仪表就可以连成一个工业网络，进行集中监控。

8.5.2　MODBUS 的 RTU 格式

1）RTU 通信格式的字符通信格式规定如下：

1 个起始位；8 个数据位；1 个校验位，无校验位；1 个停止位（有校验时）或 2 个停止位（无校验时）。

同样，MODBUS 的 RTU 通信格式只能是 8 E 1（偶校验）；8 O 1（奇校验）；8 N 2（无校验）三种。RTU 格式是按十六进制符号发送的。

2）MODBUS 的 RTU 数据格式如下图。

	地址码	功能码	数据区	校验区	

可以发现，RTU 数据格式没有帧头和帧尾，那设备如何确定这一帧和下一帧呢？MODBUS 协议的 RTU 方式规定，信息帧的发送至少要以 3~5 个字符的时间间隔开始，网络设备在不断地侦测总线的停顿时间间隔，当第一个字符（地址码）收到后，每个设备都要进行解码，判断是否发给自己。在最后一个字符（检验码）被传送后，一个至少 3~5 个字符的间隔字符停顿标志才发送结束。如果停顿时间不到，则出错，RTU 的校验码是用 CRC 指令校验的，后面再做介绍。

8.5.3　MODBUS 的功能码

MODBUS 常用的功能码名称和功能见表 8.2。

表 8.2　MODBUS 常用的功能码名称和功能

功　能　码	名　　　称	功　　　能
H01	读线圈状态	取线圈状态
H02	读输入状态	取开关输入状态
H03	读保持存储器	读一个或多个保持存储器值
H05	强制单线圈	强制线圈的通断
H06	写保持存储器	把字写入一个保持存储器
H10	写保持存储器	把字写入多个保持存储器

　　MODBUS 协议的功能码设计有 127 个，其中在变频器里面常用的是 H03 和 H06，一个是读，一个是写，当要监控设备运行状态时，就用 H03 读取设备的参数值，如果想让设备执行命令或者改变参数时，就用 H06 写入命令即可。

8.5.4　校验指令 CRC

1. CRC 指令解读

以（S）中指定的软元件为起始的（n）点的 8 位数据（字节单位），生成 CRC 值后存储到（d）低八位和（d+1）高八位中。

2. CRC 算法

1）设置 CRC 存储器为 HFF。

2）把第一个参与校验的 8 位数与 CRC 低 8 位进行异或运算，结果仍存于 CRC 存储器。

3）把 CRC 右移 1 位，检查最低位 b0 位。

4）若 CRC 存储器最低位为 0，则重复步骤 3），否则 CRC 存储器与 HA001 做异或运算。

5）重新 3）、4）两步，直到右移 8 次，这样第一个 8 位数就处理完了，结果仍存于 CRC 存储器。

　　6）重复 2）~5）步，处理第二个 8 位数。

　　如此处理，直到所有参与校验的 8 位数全部处理完毕，结果 CRC 存储器所存的就是 CRC 校验值。程序如图 8.8 所示。

图 8.8　CRC 校验指令

最早的 CRC 校验需要写很复杂的程序，现在只需要 CRC 指令自动运算，只需要取值就可以。

8.6　FX3U PLC 的 1：1 网络通信

8.6.1　1：1 网络通信简介

在实际通信控制中，PLC 1：1 网络通信指两台 PLC 之间通信。通过 RS485 通信适配器或者是扩展板连接两台三菱 FX PLC 的信息自动交换，如图 8.9 所示，其中一台作为主站，另一台作为从站，在 1：1 通信方式下，用户不需要编写通信程序，只需要设置与通信相关的参数，两台 PLC 之间就可以自动传送数据了，最多可以连接 100 点辅助继电器和 10 点数据寄存器的数据。

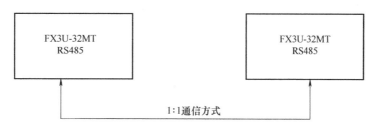

图 8.9　1：1 网络通信

PLC 1：1 网络通信方式的优点是在通信过程中不会占用系统的 IO 点数，而是在辅助继电器 M 和数据寄存器 D 中专门开辟一块地址区，按照特定的编号分配给 PLC。在通信过程中，两台 PLC 的这些特定的地址不但交换信息，且信息的交换是自动进行的，每（70ms+主站扫描周期）时间刷新一次。

8.6.2　1：1 通信模式

1：1 通信有一般模式和高速模式两种，是由特殊辅助继电器 M8162 识别的。当 M8162 为 ON 时，为高速模式，反之，为一般模式。主站和从站分别由 M8070 和 M8071 设定。当 M8070 为 ON，则 PLC 设置为主站，当 M8071 为 ON，则 PLC 设置为从站。图 8.10 所示为两台 PLC 一般模式信息交换的特定示意图。

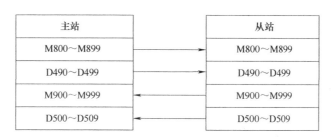

图 8.10　主从方式一般模式连接软元件

如图 8.10 所示，可见主站中辅助继电器 M800～M899 的状态，被传送到从站的辅助继电器 M800～M899 中。这样从站的 M800～M899 和主站的 M800～M899 的状态完全对应相同。

同样从站的辅助继电器 M900~M999 的状态也不断送到主站的 M900~M999 中。两者状态相同，对于数据存储来说，主站的 D490~D499 的存储器内容，不断传送到从站的 D499~D499 中。而从站 D500~D509 中存储的数据，则不断传送的主站的 D500~D509 中，两边数据完全一样。这些状态和数据相互传送的软件称之为链接软件，两台 PLC 的并联连接的通信控制就是通过链接软件进行的。

在进行通信控制时先对自己的链接软件进行程序编程，另一方则根据相应的链接软件按照控制要求进行编程处理，因此两台 PLC 进行通信时，双方都要进行程序编写，才能达到控制要求。

8.6.3 1：1 网络通信案例

【例 8.2】 2 台 FX PLC 通过 1：1 通信进行网络数据交换，设计其一般模式的通信程序，通信要求如下：

1) 主站的 X000~X017 的 ON/OFF 状态通过 M800~M815 输出到从站的 Y000~Y017。

2) 主站的计算结果 (D10+D12) ≤10 时，从站的 T0 定时 10s。

3) 从站的 M0~M15 的 ON/OFF 状态通过 M900~M915 输出到主站的 Y000~Y017。

4) 从站 T0 定时器的值设定主站的 T0 定时器值。

【解】 主站和从站的设计程序如图 8.11 所示。

a) 一般模式主站程序

b) 一般模式从站程序

图 8.11 主站和从站的设计程序

【例8.3】 2 台 FX PLC 通过 1∶1 通信进行网络数据交换，设计其高速模式的通信程序，通信要求如下：

1）当主站的结果小于 100，从站 Y000 变 ON。

2）从站的 D10 的值用于设定主站的计时器 T0 的值。

【解】 主站和从站的设计程序如图 8.12 所示。

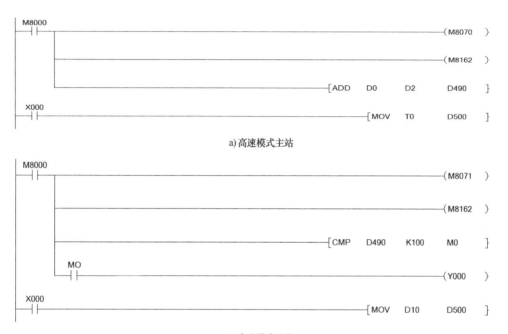

图 8.12　主站和从站的设计程序

注意：在一般模式下，位元件 M 为 100 点，字元件 D 为 10 点；高速模式字元件 D 为 2 点。

8.7　FX3U PLC 的 N∶N 网络通信

8.7.1　N∶N 网络通信简介

N∶N 网络通信协议用于最多 8 台 FX 系列 PLC 的辅助继电器和数据寄存器之间的数据的自动交换，其中一台为主机，其余的为从机。

N∶N 网络中的每一台 PLC 都在其辅助继电器区和数据寄存器区分配有一块用于共享的数据区，这些辅助继电器和数据寄存器见表 8.3 和表 8.4。数据在确定的刷新范围内自动在 PLC 之间进行传送，刷新范围内的设备可由所有的站监视。但数据写入和 ON/OFF 操作只在本站内有效。因此，对于某一台 PLC 的用户程序来说，在使用从其他站自动传来的数据时，就如同读写自己内部的数据区一样方便。

8.7.2　N∶N 通信辅助继电器

表 8.3 为 N∶N 网络通信时相关的辅助继电器。

表8.3 N:N 网络通信时相关的辅助继电器

动 作	特殊辅助继电器	名 称	说 明	响应形式
只读	M8038	N:N 网络参数设定	用于 N:N 网络参数设定	主站，从站
只读	M8183	主站通信错误	主站通信错误，置 ON[1]	从站
只读	M8184~M8019[2]	从站通信错误	从站通信错误，置 ON[1]	主站，从站
只读	M8191	数据通信	当与其他站通信时，置 ON	主站，从站

[1] 表示在本站中出现的通信错误数，不能在 CPU 出错状态、程序出错状态和停止状态下记录。

[2] 表示与从站号一致。例如：1 号站为 M8184，2 号站为 M8185，3 号站为 M8186。

8.7.3 N:N 通信数据寄存器

表 8.4 为 N:N 网络通信时相关的数据寄存器。

表 8.4 N:N 网络通信时相关的数据寄存器

动 作	特殊数据寄存器	名 称	说 明	响应形式
只写	D8176	设定站号	设定本站号	主站，从站
只写	D8177	设定总从站数	设定从站总数	主站
只写	D8178	设定刷新范围	设定刷新范围	主站
只写	D8179	设定重试次数	设定重试次数	主站
只写	D8180	超时设定	设定命令超时	主站

8.7.4 N:N 通信参数设置

N:N 网络的设置仅当程序运行或 PLC 通电时才有效，设置内容如下。

（1）工作站号设置（D8176）

D8176 的设置范围为 0~7，主站应设置为 0，从站设置为 1~7。

（2）从站个数设置（D8177）

D8177 用于在主站中设置从站总数，从站中不须设置，设定范围为 1~7 之间的值，默认值为 7。

（3）刷新范围（模式）设置（D8178）

刷新范围是指在设定的模式下主站与从站共享的辅助继电器和数据寄存器的范围。刷新模式由主站的 D8178 来设置，可以设为 0、1 或 2 值（默认值为 0），分别代表 3 种刷新模式，从站中不须设置此值。表 8.5 是 3 种刷新模式所对应的 PLC 中辅助继电器和数据寄存器的刷新范围，这些辅助继电器和数据寄存器供各站的 PLC 共享。

当 D8178 设置为模式 2 时，如果主站的 X001 要控制 1 号从站的 Y005，可以用主站的 X001 来控制它的 M1000。

通过通信，各从站中的 M1000 的状态与主站的 M1000 相同。用 1 号从站的 M1000 来控制它的 Y005，这就相当于用主站的 X001 来控制 1 号从站的 Y005，如图 8.13 所示。

表 8.5　3 种刷新模式对应的 PLC 中辅助继电器和数据寄存器的刷新范围

站　号	刷 新 范 围					
	模式 0		模式 1		模式 2	
	0 点位元件	4 点字元件	32 点位元件	4 点字元件	64 点位元件	8 点字元件
0	—	D0 ~ D3	M1000 ~ M1031	D0 ~ D3	M1000 ~ M1063	D0 ~ D7
1	—	D10 ~ D13	M1064 ~ M1095	D10 ~ D13	M1064 ~ M1127	D10 ~ D17
2	—	D20 ~ D23	M1128 ~ M1159	D20 ~ D23	M1128 ~ M1191	D20 ~ D27
3	—	D30 ~ D33	M1192 ~ M1223	D30 ~ D33	M1192 ~ M1255	D30 ~ D37
4	—	D40 ~ D43	M1256 ~ M1287	D40 ~ D43	M1256 ~ M1319	D40 ~ D47
5	—	D50 ~ D53	M1320 ~ M1351	D50 ~ D53	M1320 ~ M1383	D50 ~ D57
6	—	D60 ~ D63	M1384 ~ M1415	D60 ~ D63	M1384 ~ M1447	D60 ~ D67
7	—	D70 ~ D73	M1448 ~ M1479	D70 ~ D73	M1448 ~ M1511	D70 ~ D77

图 8.13　$N : N$ 通信主、从站程序

（4）重试次数设置（D8179）

D8179 用以设置重试次数，设定范围为 0~10（默认值为 3），该设置仅用于主站。当通信出错时，主站就会根据设置的次数自动重试通信。

（5）通信超时时间设置（D8180）

D8180 用以设置通信超时时间，设定范围为 5~255（默认值为 5），该值乘以 10ms 就是通信超时时间。该设置限定了主站与从站之间的通信时间。

8.7.5　$N : N$ 网络通信案例

有 2 台 FX 系列 PLC，通过 $N : N$ 并行通信网络交换数据，其通信程序如图 8.14 所示。

1）该并行网络的初始化设定程序的要求如下。

刷新范围：64 位元件和 8 字元件（模式 2）。

重试次数：3 次。

通信超时：50ms。

2）该并行网络的通信操作要求如下：

① 通过 M1000~M1003，用主站的 X000~X003 来控制 1 号从站的 Y000~Y003。

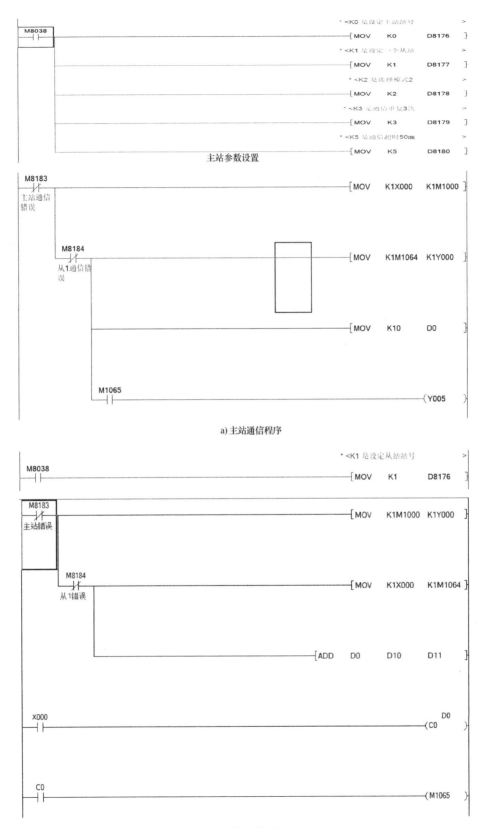

a) 主站通信程序

b) 从站通信程序

图 8.14　通过 $N:N$ 并行通信网络交换数据

② 通过 M1064~M1067，用 1 号从站的 X000~X003 来控制主站的 Y000~Y003。

③ 主站的数据寄存器 D0 为 1 号从站的计数器 C0 提供设定值。C0 的触点状态由 M1065 映射到主站的输出点 Y005。

④ 主站中的 D0 和 1 号从站中 D10 的值在 1 号从站中相加，运算结果存入 1 号从站 D11。

8.8 FX3U PLC 的无协议通信

8.8.1 无协议数据传输简介

无协议（No Protocol）通信方式可以实现 PLC 与各种有 RS232C 接口的设备（例如计算机、条形码阅读器和打印机）之间的通信，其通信方式使用 RS 指令来实现。这种通信方式最为灵活，PLC 与 RS232C 设备之间可以使用用户自定义的通信规约，但是 PLC 的编程工作量较大，对编程人员的要求较高。

PLC 与计算机组成的通信系统无论基于上述哪种通信协议，PLC 与上位机的通信都采用串行通信方式。下面首先介绍串行通信协议的格式。

（1）串行通信协议的格式

通信格式决定了计算机连接和无协议通信方式的通信设置（数据长度、奇偶校验形式、波特率和协议方式等）。因此，为了保证 PLC 和计算机之间通信时发送和接收数据的正确完成，系统的通信必须按规定的通信协议的格式处理。可以通过 PLC 程序对 16 位特殊数据寄存器 D8120 设置通信格式。D8120 可设置通信的数据长度、奇偶校验形式、波特率和协议方式。D8120 的设置方法见表 8.6，表中的 b0 为最低位，b15 为最高位。设置好后，需关闭 PLC 电源，然后重新接通电源，才能使设置有效。表 8.7 是 D8120 的位定义。除 D8120 外，通信中还会用到其他一些特殊辅助继电器和特殊数据寄存器，这些元件和其功能见表 8.8。

表 8.6 串行通信格式

b15	b14	b13	b10~b12	b9	b8	b4~b7	b3	b2, b1	b0
传输控制协议	协议	和校验	控制线	结束标志字符	起始标志字符	波特率	停止位	奇偶校验方式	数据长度

表 8.7 D8120 的位定义

位号	意义	内容	
		0（OFF）	1（ON）
b0	数据长度	7 位	8 位
b1 b2	奇偶性	（b2, b1） （0, 0）：无奇偶校验 （0, 1）：奇校验 （1, 1）：偶校验	
b3	停止位	1 位	2 位

（续）

位 号	意 义	内 容	
		0 (OFF)	1 (ON)
b4 b5 b6 b7	波特率/(bit/s)	(b7, b6, b5, b4) (0, 0, 1, 1): 300 (0, 1, 0, 0): 600 (0, 1, 0, 1): 1200 (0, 1, 1, 0): 2400	(b7, b6, b5, b4) (0, 1, 1, 1): 4800 (1, 0, 0, 0): 9600 (1, 0, 0, 1): 19200
b8	起始标志字符	无	起始标志字符在 D8124 中，默认值为 STX (02H)
b9	结束标志字符	无	结束标志字符在 D8125 中，默认值为 ETX (03H)
b10 b11 b12	控制线	(b12, b11, b10) (0, 0, 0)：无<RS232C 接口> (0, 0, 1)：终端适配器<RS232C 接口> (0, 1, 0)：转换适配器<RS232C 接口> (FX$_{2N}$V2.0 及以上) (0, 1, 1)：普通格式 1<RS232C 接口>，<RS485 接口> (1, 0, 1)：普通格式 2<RS232C 接口> (仅用于 FX, FX$_{2N}$)	
b13	和校验	不附加	附加
b14	协议	无协议	专用协议
b15	传送控制协议	协议格式 1	协议格式 4

表 8.8　特殊辅助继电器和特殊数据寄存器及其功能

辅助继电器	功能描述	数据寄存器	功能描述
M8122	置位后开始发送（RS 指令）	D8120	通信格式（RS 指令、计算机连接）
M8123	接收完成自动置位（RS 指令）		必须要复位，才能允许下次接收
M8161	8/16 位转换标志（RS 指令）		为 ON 时，为 8 位模式，反之为 16 位模式

（2）RS 指令格式

D0 为发送数据的起始地址，K8 为发送数据的个数，D100 为回应数据存储地址，K8 为接收数据的个数。

RS 指令是使用 RS485 通信扩展板及特殊适配器进行发送和接收的指令，其接线方式如图 8.15 所示。

RS 指令可以多次编程使用，但不能同时驱动，当驱动 RS 指令后，即使改变 D8120 的数值，其通信格式也不会改变，当驱动 RS 指令后，为接收等待状态，当需要发送数据时，请置位 M8122 发送请求标志位，RS 转为发送状态，发送完毕后，系统自动对 M8122 复位，然后自动转到接收等待状态，当接收数据完毕，系统自动置位 M8123 接收完成标志位。当处理完接收的数据，需要人为地复位 M8123，如果 M8123＝1，是禁止发送和接收的。

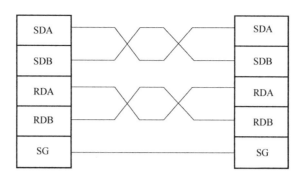

图 8.15　接线方式

8.8.2　与台达变频器通信案例

台达变频器采用的是 MODBUS 通用协议，可以采用 RTU 模式传送数据，RTU 模式的数据格式见表 8.9~表 8.10。

（1）RTU 信息读取格式

表 8.9　RTU 信息读取格式

命令信息		回应信息	
ADR	01H	ADR	01H
CMD	03H	CMD	03H
起始数据地址	21H	数据数（以 byte 计算）	04H
	02H		
数据数（以 word 计算）	00H	起始数据地址 2102H 内容	17H
	02H		70H
CRC CHK Low	6FH	数据地址 2103H 内容	00H
CRC CHK High	F7H		00H
		CRC CHK Low	FEH
		CRC CHK High	5CH

（2）RTU 信息写入格式

表 8.10　RTU 信息写入格式

命令信息		回应信息	
ADR	01H	ADR	01H
CMD	06H	CMD	06H
数据地址	01H	数据地址	01H
	00H		00H
数据内容	17H	数据内容	17H
	70H		70H

（续）

命令信息		回应信息	
CRC CHK Low	86H	CRC CHK Low	86H
CRC CHK High	22H	CRC CHK High	22H

（3）RTU 模式通信时台达变频器的参数设置（见表 8.11）

表 8.11　台达变频器的参数设置

参　数　号	功　　能	设　置
P00	频率由 RS485 通信控制	03
P01	启动信号由 RS485 控制	03
P88	站号为 01	01
P89	速率为 9600bit/s	01
P92	选择数据格式为 8，E，1	04
P157	选择 RTU 模式	01

（4）台达通信协议参数地址的定义表（见表 8.12）

表 8.12　台达通信协议参数地址定义

定　　义	参数地址	功　能　说　明		
驱动器内部设定参数	00nnH	nn 表示参数号码，例如：P100 由 0064H 来表示		
对驱动器的命令	2000H	bit0~1		00B：无功能
				01B：停止
				10B：启动
				11B：JOG 启动
		bit2~3		保留
		bit4~5		00B：无功能
				01B：正方向指令
				10B：反方向指令
				11B：改变方向指令
		bit6~15		保留
	2001H	频率指令		
	2102H	频率指令（F）（小数 2 位）		
	2103H	输出频率（H）（小数 2 位）		
	2104H	输出电流（A）（小数 1 位）		
	2105H	DC-BUS 电压（U）（小数 1 位）		
	2106H	输出电压（E）（小数 1 位）		

（5）程序编程（见图 8.16）

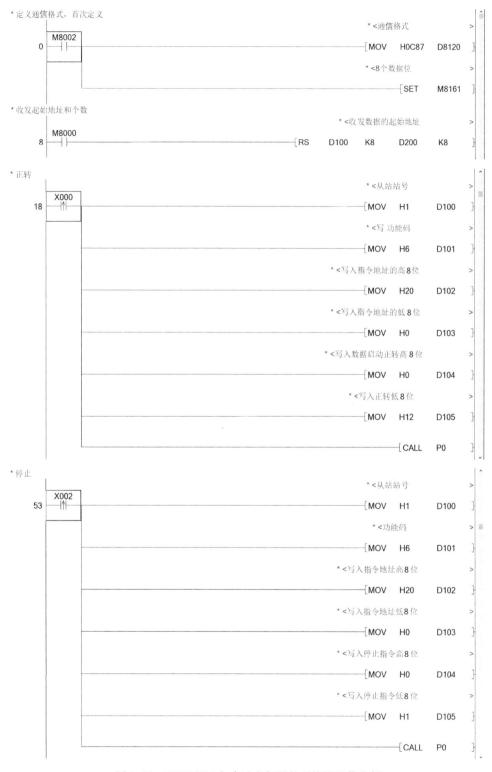

图 8.16 FX3U PLC 与台达变频器的无协议通信案例

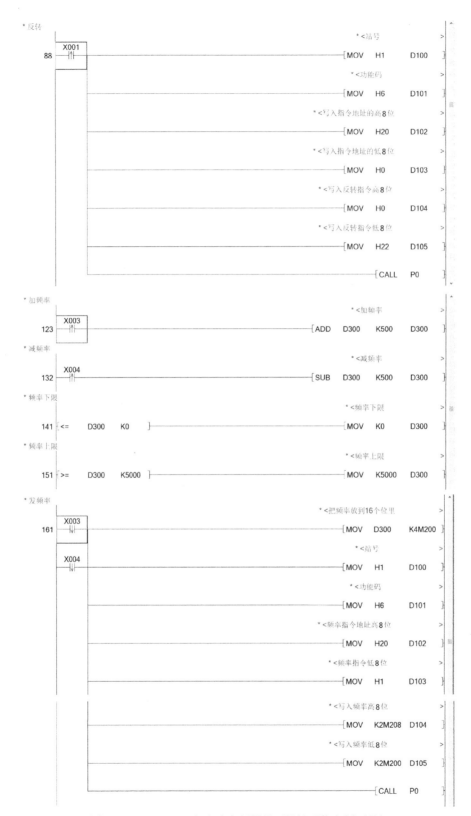

图 8.16　FX3U PLC 与台达变频器的无协议通信案例（续）

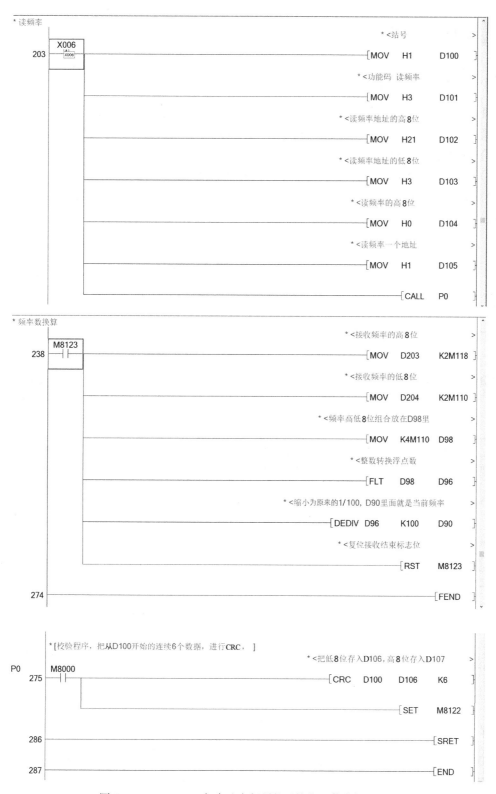

图 8.16　FX3U PLC 与台达变频器的无协议通信案例（续）

8.9 FX5U PLC 的简易通信

8.9.1 简易通信简介

最多连接 8 台 PLC（见图 8.17），在这些 PLC 之间自动进行数据通信，通过 RS485 通信的方式进行，进行软元件相互连接的功能，根据要连接的点数，有 3 种模式可以选择。

1）在最多 8 台 FX5 PLC 或 FX3 PLC 之间自动更新数据连接。

2）总延长距离最长为 1200m（仅限全部由 FX5-485ADP 构成时）。

3）对于连接用内部继电器（M）、数据寄存器（D），FX5 可以分别设定起始软元件编号。

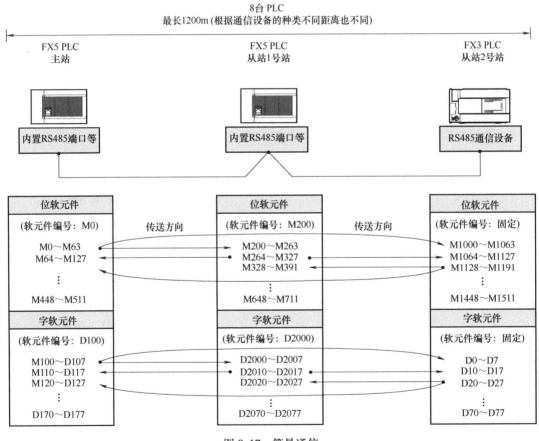

图 8.17　简易通信

8.9.2 系统构成

FX5U 简易通信可以使用内置 RS485 端口、通信板、通信适配器，以及简易 PLC 间连接功能，串行口的分配不受系统构成的影响，固定为下列编号，如图 8.18 所示。

内置 RS485 端口：通道 1，内置于 CPU 模块中，不需要扩展设备，两台 PLC 相距 50m以内。

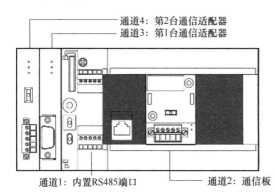
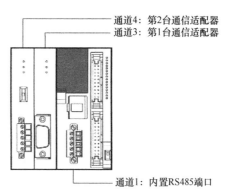

图 8.18　简易通信的通道固定编号

通信板 FX5-485-BD：通道 2，由于可以内置在 CPU 模块中，为集成型，两台 PLC 相距 50m 以内。

通信适配器 FX5-485ADP：通道 3、通道 4，在 CPU 模块的左侧安装通信适配器，两台 PLC 相距 1200m 以内。

8.9.3　连接模式

FX5U PLC 进行简易通信的连接模式有多种，具体见表 8.13。

表 8.13　FX5U PLC 和 FX3U PLC 的连接软元件分配表

站　号		机型	辅助继电器（64 点）	数据寄存器（8 点）
主站	主 0	FX5U	M（n）-M（n+63）	D（s）-D（s+7）
		FX3U	M1000-M1063	D0-D7
从站	从 1	FX5U	M（n）-M（n+63）	D（s）-D（s+7）
		FX3U	M1064-M1127	D10-D17
	从 2	FX5U	M（n）-M（n+63）	D（s）-D（s+7）
		FX3U	M1128-M1191	D20-D27
	从 3	FX5U	M（n）-M（n+63）	D（s）-D（s+7）
		FX3U	M1192-M1255	D30-D37
	从 4	FX5U	M（n）-M（n+63）	D（s）-D（s+7）
		FX3U	M1256-M1319	D40-D47
	从 5	FX5U	M（n）-M（n+63）	D（s）-D（s+7）
		FX3U	M1320-M1383	D50-D57
	从 6	FX5U	M（n）-M（n+63）	D（s）-D（s+7）
		FX3U	M1384-M1447	D60-D67
	从 7	FX5U	M（n）-M（n+63）	D（s）-D（s+7）
		FX3U	M1448-M1511	D70-D77

注：1. FX5U PLC 的辅助继电器和数据寄存器可以和 FX3U PLC 一样。

　　2. s 为数据寄存器（D）的连接软元件起始编号。n 为内部继电器（M）的连接软元件起始编号。

8.9.4 主站设置

FX5U PLC 进行简易通信时的主站设置如图 8.19 所示。

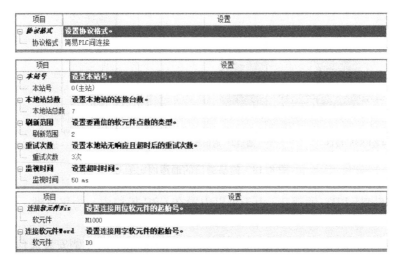

图 8.19 主站设置

8.9.5 从站设置

FX5U PLC 进行简易通信时的从站设置如图 8.20 所示。

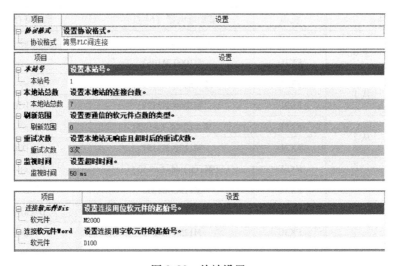

图 8.20 从站设置

8.9.6 程序案例

（1）主站程序案例（见图 8.21）

解释：X0 接通，主站 M1000 接通，从站 M2000 也会接通，同时把 K100 传送到 D0 中，从站 D100 中也会映射 K100 数据。

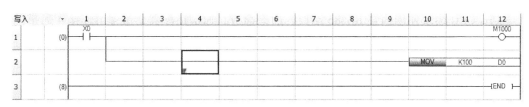

图 8.21　主站程序

（2）从站程序案例（见图 8.22）

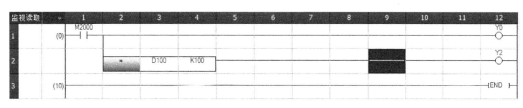

图 8.22　从站程序

解释：从站 M2000 接通，Y0 输出，同时，D100 和 K100 比较，Y2 也会输出。

8.10　FX5U PLC 的 MODBUS RTU 通信

8.10.1　MODBUS RTU 通信简介

FX5U PLC 的 MODBUS 串行通信功能通过 1 个主站在 RS485 通信时可控制 32 个从站，在 RS232C 通信时可控制 1 个从站（见图 8.23）。对应主站功能及从站功能，1 台 FX5U 可同时作为主站及从站（但是，主站仅为单通道）。1 个 CPU 模块中可用作 MODBUS 串行通信功能的通道数最多为 4 个。在主站中，使用 MODBUS 串行通信专用顺控指令控制从站。通信协议支持 RTU 模式。FX5U PLC 主站可连接的从站个数为 32 个。

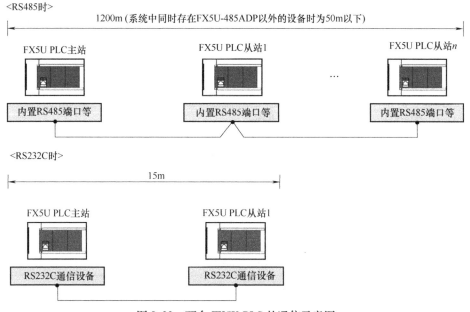

图 8.23　两台 FX5U PLC 的通信示意图

FX5U CPU 模块使用内置 RS485 端口、通信插板、通信适配器，最多可连接 4 通道的通信端口（见图 8.24）。通信通道的分配固定，不受系统配置影响。

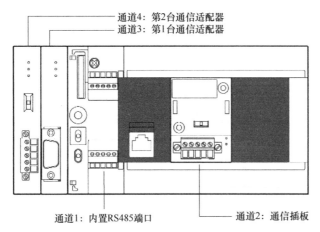

图 8.24 不同通信通道的距离

	通信端口	选定要点	总延长距离
内置RS485端口	通道1	内置于CPU模块中，不需要扩展设备	50m以下
通信插板 FX5-485-BD	通道2	由于可以内置在CPU模块中，所以安装面积不变，为紧凑型	50m以下
通信插板 FX5-232-BD	通道2		15m以下
通信适配器 FX5-485ADP	通道3、通道4	在CPU模块的左侧安装通信适配器	1200m以下
通信适配器 FX5-232ADP	通道3、通道4		15m以下

按照表 8.14 规格执行 MODBUS 串行通信，波特率等内容是通过 GX Works3 的参数进行设置的。

表 8.14 MODBUS 通信规格

项 目		规格		备注
		内置 RS485 端口 FX5-485-BD FX5-485ADP	FX5-232-BD FX5-232ADP	
连接台数		最多4通道 （但是，主站仅为单通道）		可在主站或从站中使用
通信规格	通信接口	RS485	RS232C	—
	波特率	300/600/1200/2400/4800/9600/ 19200/38400/57600/115200（bit/s）		—
	数据长度	8bit		—
	奇偶校验	无/奇校验/偶校验		—
	停止位	1bit/2bit		—
	传送距离	仅由 FX5-485ADP 构成时为 1200m 以下 上述以外构成时为 50m 以下	15m 以下	传送距离因通信 设备的种类而异
	通信协议	RTU		—

（续）

项　目		规格		备注
		内置 RS485 端口 FX5-485-BD FX5-485ADP	FX5-232-BD FX5-232ADP	
主站功能	可连接的从站数	32	1	从站数因通信 设备的种类而异
	功能数	8（无诊断功能）		—
	同时传送的信息数	1 个信息		—
	最大写入数	123 字或 1968 线圈		—
	最大读取数	125 字或 2000 线圈		—
从站功能	功能数	8（无诊断功能）		—
	可同时接收的信息数	1 个信息		—
	站号	1~247		—

8.10.2　MODBUS 协议的帧规格

MODBUS 协议的帧规格如图 8.25 所示。

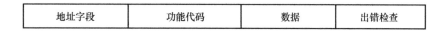

地址字段	功能代码	数据	出错检查

图 8.25　MODBUS 协议帧规格

MODBUS 协议的帧规格的详细内容如表 8.15 所示。

表 8.15　MODBUS 协议的帧规格详细内容

区　域　名	内　容
地址字段	［主站向从站发送请求报文时］ 0：向全部从站发送请求报文（广播）； 1~247：向指定的从站发送请求报文，247 是 MODBUS 最大的地址编号； ［从站向主站发送响应报文时］ 发送响应报文时，从站本站站号会被存储
功能代码	［主站向从站发送请求报文时］ 主站对从站指定功能代码 ［从站向主站发送响应报文时］ 正常结束时，被请求的功能代码会被存储；异常结束时，最高位的位会 ON
数据	［主站向从站发送请求报文时］ 存储用于执行通过功能代码所指定功能的信息 ［从站向主站发送响应报文时］ 通过功能代码所指定功能的执行结果会被存储，异常结束时，异常响应代码会被存储
出错检查	主站及从站会给全部发送报文自动添加检查代码，并重新计算接收报文的检查代码，报文异常时，删除报文

8.10.3　MODBUS RTU 模式

MODBUS RTU 模式是使用二进制代码收发帧的模式，帧规格依据 MODBUS 协议的规格，如图 8.26 所示。

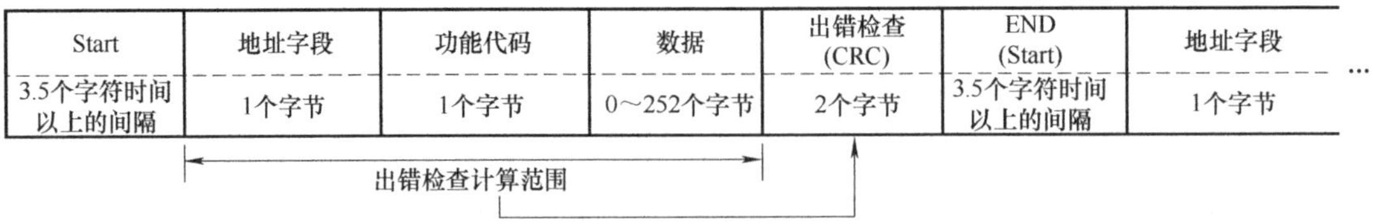

Start	地址字段	功能代码	数据	出错检查 （CRC）	END （Start）	地址字段
3.5个字符时间 以上的间隔	1个字节	1个字节	0～252个字节	2个字节	3.5个字符时间 以上的间隔	1个字节 ...

出错检查计算范围

图 8.26　MODBUS 协议帧模式

RTU 模式的出错检查通过 CRC（Cyclical Redundancy Checking，循环冗余校验）进行。

CRC 是 16 位（2 个字节）的二进制值。CRC 值由发送设备计算，并添加到报文中。接收设备在报文接收过程中重新计算 CRC，并和接收的实际值进行比较。进行比较的值如果不同则为出错。

FX5 PLC 所对应的 MODBUS 标准功能如表 8.16 所示。

表 8.16　FX5 PLC 对应的 MODBUS 标准功能

功能代码	功能名	详细内容	1个报文可访问的软元件数
01H	线圈读取	线圈读取（可以多点）	1~2000 点
02H	输入读取	输入读取（可以多点）	1~2000 点
03H	保持寄存器读取	保持寄存器读取（可以多点）	1~125 点
04H	输入寄存器读取	输入寄存器读取（可以多点）	1~125 点
05H	1 线圈写入	线圈写入（仅 1 点）	1 点
06H	1 寄存器写入	保持寄存器写入（仅 1 点）	1 点
0FH	多线圈写入	多点的线圈写入	1~1968 点
10H	多寄存器写入	多点的保持寄存器写入	1~123 点

8.10.4　MODBUS 通信的配线步骤

内置 RS485 端口、FX5-485-BD、FX5-485ADP 中内置有终端电阻，如图 8.27 所示。

用终端电阻切换开关进行设置，且终端电阻必须在线路的两端设置。内置终端电阻时，应将切换开关设置为 110Ω。

8.10.5　MODBUS 通信的参数设置

1）FX5 的 MODBUS 串行通信设置通过 GX Works3 来设置参数。

2）参数的设置因所使用的模块而异，各模块的操作如下所示。

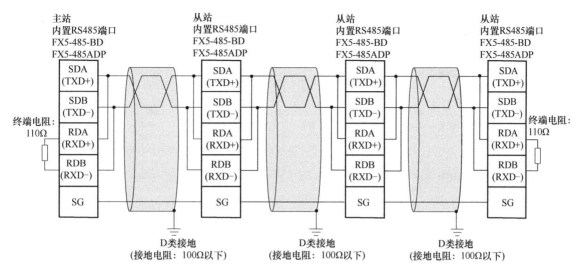

图 8.27   RS485 多台 PLC 通信连接图

3）在导航栏，选择 "参数"→"FX5UCPU"→"模块参数"→"485 串口"。

4）协议格式选择为 "MODBUS_RTU 通信"。

5）基本设置（见图 8.28）

项目	设置
□ 协议格式	设置协议格式。
协议格式	MODBUS_RTU通信
□ 详细设置	设置详细设置。
奇偶校验	无
停止位	2bit
波特率	19,200bit/s

图 8.28   基本设置

6）固有设置（见图 8.29）。

项目	设置
□ 本站号	设置本站号。
本站号	0
□ 从站支持超时	设置从站响应的超时时间。
从站支持超时	3000 ms
□ 广播延迟	设置广播延迟。
广播延迟	400 ms
□ 请求间延迟	设置请求间延迟。
请求间延迟	1 ms
□ 超时时重试次数	设置超时时重试次数。
重试次数	5次

图 8.29   固有设置

7）双击 "MODBUS 软元件分配"，如图 8.30 所示。

软元件号及分配点数应设置为 16 的倍数，如不是 16 的倍数，则 GX Works3 会发生参数设置出错。

项目	线圈	输入	输入寄存器	保持寄存器
⊟ MODBUS软元件分配参数	可编程控制器CPU的软元件存储器的参数。			
⊟ 分配1				
软元件	Y0	X0		D0
起始MODBUS软元件号	0	0	0	0
分配点数	1024	1024	0	8000
⊟ 分配2				
软元件	M0			SD0
起始MODBUS软元件号	8192	0	0	20480
分配点数	7680	0	0	10000
⊟ 分配3				
软元件	SM0			W0
起始MODBUS软元件号	20480	0	0	30720
分配点数	2048	0	0	512
⊟ 分配4				
软元件	L0			SW0
起始MODBUS软元件号	22528	0	0	40960
分配点数	7680	0	0	512
⊟ 分配5				
软元件	B0			TN0
起始MODBUS软元件号	30720	0	0	53248
分配点数	256	0	0	512
⊟ 分配6				

图 8.30　MODBUS 软元件分配参数设置

8）注意事项。

不能在线圈和输入中设置相同的软元件。

不能在输入寄存器和保持寄存器中设置相同的软元件。

指定的起始软元件号+分配点数超过 PLC 软元件的有效范围时，GX Works3 会发生参数设置出错。

8.10.6　MODBUS 通信的主站功能

在 FX5 的主站功能中，使用 ADPRW 指令与从站进行通信。

ADPRW 指令可通过主站所对应的功能代码，与从站进行通信（数据的读取/写入）。

指令格式如下　ADPRW　s1　s2　s3　s4　s5/d1　d2

	s1	s2	s3	s4	s5/d1	d2
ADPRW	H1	H10	H0	K4	D100	M0

s1 为从站站号 0～F7H；

s2 为功能代码 01H～06H、0FH、10H；

s3 为与功能代码相应的功能参数 0～FFFFH；

s4 为与功能代码相应的功能参数 1～2000；

s5/d1 为与功能代码相应的功能参数；

d2 为输出通信执行状态的起始位软元件编号。

根据各功能代码的参数分配如表 8.17 所示。

表 8.17 各功能代码的参数分配

s2：功能代码	s3：MODBUS 地址	s4：访问点数	s5/d1：数据存储软元件起始	
	对象软元件[2]			
01H 线圈读取	MODBUS 地址：0000H～FFFFH	访问点数：1～2000	读取数据存储软元件起始	
			对象软元件	字软元件[1] 位软元件[3]
			占用点数	字软元件（s4+15）÷16 点 位软元件 s4 点
02H 输入读取	MODBUS 地址：0000H～FFFFH	访问点数：1～2000	读取数据存储软元件起始	
			对象软元件	字软元件[1] 位软元件[3]
			占用点数	字软元件（s4+15）÷16 点 位软元件 s4 点
03H 保持寄存器读取	MODBUS 地址：0000H～FFFFH	访问点数：1～125	读取数据存储软元件起始	
			对象软元件[1]	
			占用点数	s4 点
04H 输入寄存器读取	MODBUS 地址：0000H～FFFFH	访问点数：1～125	读取数据存储软元件起始	
			对象软元件[1]	
			占用点数	s4 点
05H 线圈写入	MODBUS 地址：0000H～FFFFH	0（固定）	写入数据存储软元件起始	
			对象软元件 * 2	字软元件[2] 位软元件[3]
			占用点数	1 点
06H 保持寄存器写入	MODBUS 地址：0000H～FFFFH	0（固定）	写入数据存储软元件起始	
			对象软元件[2]	
			占用点数	1 点
0FH 多点的线圈写入	MODBUS 地址：0000H～FFFFH	访问点数：1～1968	写入数据存储软元件起始	
			对象软元件	字软元件[2] 位软元件[3]
			占用点数	字软元件（s4+15）÷16 点 位软元件 s4 点

（续）

s2：功能代码	s3：MODBUS 地址	s4：访问点数	s5/d1：数据存储软元件起始	
	对象软元件②			
10H 多点的保持寄存器写入	MODBUS 地址： 0000H~FFFFH	访问点数： 1~123	写入数据存储软元件起始	
			对象软元件②	
			占用点数	s4 点

① T、ST、C、D、R、W、SW、CD、标签软元件。

② K、H、T、ST、C、D、R、W、SW、SD、标签软元件。

③ X、Y、M、L、B、F、SB、S、SW、标签软元件。

对于使用 ADPRW 指令的对象通道，必须在 GX Works3 中进行 MODBUS 主站的设置。未进行设置时，即便执行 ADPRW 指令也不动作（也不发生出错）。

从站功能通过与主站之间的通信，依照对应的功能代码进行动作。关于对应的功能代码，请参照表 8.17。

8.10.7　MODBUS 通信的特殊继电器

在 FX5 的 MODBUS 串行通信中使用的特殊继电器如表 8.18 所示。

表 8.18　特殊继电器

软元件号				名　　称	有效站	详 细 内 容
通道 1	通道 2	通道 3	通道 4			
SM8500	SM8510	SM8520	SM8530	串行通信出错	主站/从站	发生串行通信出错时为 ON
SM8800	SM8810	SM8820	SM8830	MODBUS RTU 通信中	主站	从开始执行指令直到指令执行结束标志 ON 为止，MODBUS 串行通信中为 ON
SM8801	SM8811	SM8821	SM8831	发生重试	主站	从站在超时设置时间内无响应时，在主站发送重试期间为 ON
SM8802	SM8812	SM8822	SM8832	发生超时	主站	发生响应超时时为 ON
SM8861	SM8871	SM8881	SM8891	本站站号锁存设置有效	从站	锁存设置设为"锁存"时为 ON

在 FX5 的 MODBUS 串行通信中使用的特殊寄存器如表 8.19 所示。

表 8.19　特殊寄存器

软元件号				名　　称	有效站	详 细 内 容
通道 1	通道 2	通道 3	通道 4			
SD8500	SD8510	SD8520	SD8530	串行通信出错代码	主站/从站	在 MODBUS 串行通信中发生的最新出错代码会被存储
SD8501	SD8511	SD8521	SD8531	串行通信出错的详细内容	主站/从站	最新出错的详细内容会被存储

（续）

软 元 件 号				名　称	有效站	详 细 内 容
通道 1	通道 2	通道 3	通道 4			
SD8502	SD8512	SD8522	SD8532	串行通信设置	主站/从站	设置在 CPU 模块中的通信属性会被存储
SD8503	SD8513	SD8523	SD8533	串行通信动作模式显示	主站/从站	串行通信的动作模式会被存储
SD8800	SD8810	SD8820	SD8830	当前的重试次数	主站/从站	因从站响应超时而进行通信重试时，当前的重试次数会被存储
SD8861	SD8871	SD8881	SD8891	本站站号	主站/从站	本站站号的设置值会被存储
SD8862	SD8872	SD8882	SD8892	从站响应超时	主站/从站	从站响应超时的设置值会被存储
SD8863	SD8873	SD8883	SD8893	广播延迟	主站/从站	广播延迟的设置值会被存储
SD8864	SD8874	SD8884	SD8894	请求期间延迟	主站/从站	请求期间延迟的设置值会被存储
SD8865	SD8875	SD8885	SD8895	超时时的重试次数	主站/从站	超时时的重试次数的设置值会被存储

8.10.8　执行结束标志位

ADPRW 通信确认指令执行结束的软元件。SM8029 也用于 MODBUS 通信以外的指令的执行结束标志。（定位命令等）使用 SM8029 时，应在确认指令执行结束的指令的正下方使用触点。

1）确认 MODBUS 串行通信中的软元件。

通道 1	通道 2	通道 3	通道 4
SM8800	SM8810	SM8820	SM8830

从开始执行指令直到指令执行结束标志为 ON 为止，即特殊轴继电器在通信期间一直保持 ON。

2）确认 MODBUS 串行通信出错的软元件。

通道 1	通道 2
SM8402	SM8422

发生 MODBUS 串行通信出错时为 ON，该软元件在通信恢复正常时也不会变为 OFF。只有电源 OFF→ON、复位、STOP→RUN、SM50（解除出错）置为 ON 时或执行下一 ADPRW 指令时才会被清除。

8.10.9　通信格式显示

（1）存储通信格式的设置值。

通道 1	通道 2	通道 3	通道 4
SD8502	SD8512	SD8522	SD8532

（2）存储用工程工具设置的参数。通信格式的参数内容如表 8.20 所示。

表 8.20　MODBUS 通信格式

位	名称	内　　容	
		0（bit=OFF）	1（bit=ON）
b0	—	—	—
b1、b2	奇偶位	（b2、b1）=（0、0）：无 （b2、b1）=（0、1）：奇数 （b2、b1）=（1、1）：偶数	
b3	停止位	1bit	2bit
b4~b7	波特率（bps）	（b7、b6、b5、b4）=（0、0、1、1）：300 （b7、b6、b5、b4）=（0、1、0、0）：600 （b7、b6、b5、b4）=（0、1、0、1）：1200 （b7、b6、b5、b4）=（0、1、1、0）：2400 （b7、b6、b5、b4）=（0、1、1、1）：4800 （b7、b6、b5、b4）=（1、0、0、0）：9600 （b7、b6、b5、b4）=（1、0、0、1）：19200 （b7、b6、b5、b4）=（1、0、1、0）：38400 （b7、b6、b5、b4）=（1、0、1、1）：57600 （b7、b6、b5、b4）=（1、1、0、1）：115200	
b8~b15	—	—	—

（3）编写主站程序

图 8.31 是由主站对从站进行软元件读取/写入的程序示例。

关于 ADPRW 指令，请参照 ADPRW。

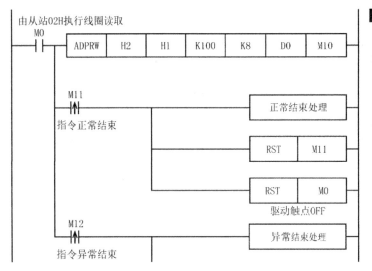

图 8.31　程序示例

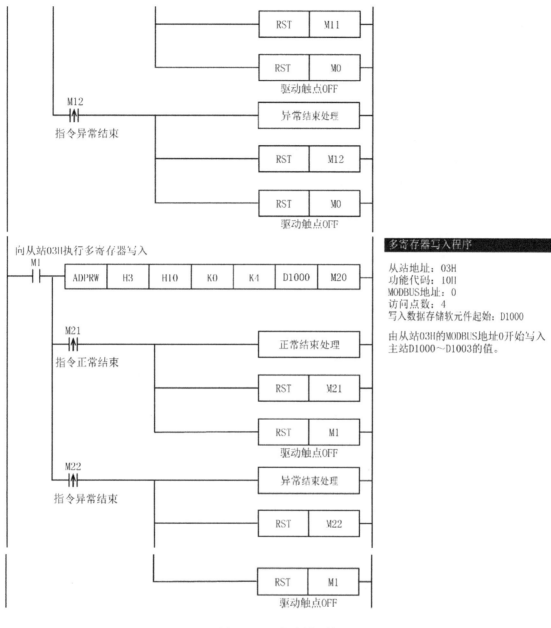

图 8.31 程序示例（续）

请勿在 ADPRW 指令结束前将驱动触点置为 OFF。

根据驱动状况，ADPRW 指令通信开始的时间不同。使用单独 ADPRW 指令驱动时，通信即时开始。同时使用多个 ADPRW 指令驱动时，通过先行驱动的 ADPRW 指令进行的通信完成后，通过后续驱动的 ADPRW 指令进行的通信开始。因此，请勿在通信结束前将 ADPRW 指令的驱动触点置为 OFF。

使用线圈读取功能或输入读取功能，并在读取目标软元件中指定字软元件时，仅通过 ADPRW 指令的访问点数所指定的位会被改写，字软元件的剩余位不会变化。

8.10.10 两台 PLC 进行通信的案例

(1) 主站设置 (见图 8.32)

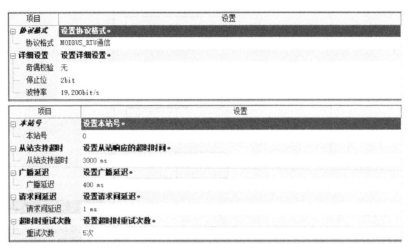

图 8.32 主站设置

(2) 主站程序 (见图 8.33)

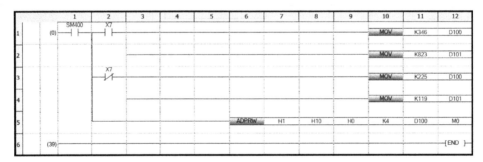

图 8.33 主站程序

(3) 从站设置 (见图 8.34)

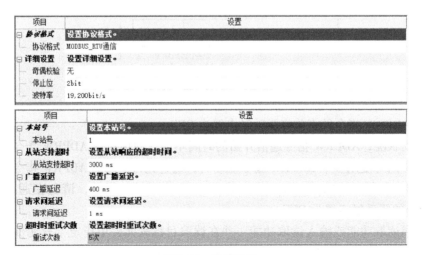

图 8.34 从站设置

（4）从站程序（见图 8.35）

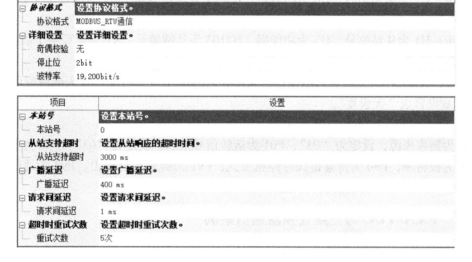

图 8.35　从站程序

8.10.11　FX5U PLC 和台达 M 系列变频器通信案例

（1）参数设置（见图 8.36）

项目	设置
□ **协议格式**	**设置协议格式。**
协议格式	MODBUS_RTU通信
□ **详细设置**	**设置详细设置。**
奇偶校验	无
停止位	2bit
波特率	19,200bit/s

项目	设置
□ **本站号**	**设置本站号。**
本站号	0
□ **从站支持超时**	**设置从站响应的超时时间。**
从站支持超时	3000 ms
□ **广播延迟**	**设置广播延迟。**
广播延迟	400 ms
□ **请求间延迟**	**设置请求间延迟。**
请求间延迟	1 ms
□ **超时时重试次数**	**设置超时时重试次数。**
重试次数	5次

图 8.36　参数设置

（2）程序（见图 8.37）

（3）步骤解释

0 步：H1 为从站站号，H6 为功能码，H2000 为从站地址，K1 为读写字个数，K18 为正转，M0 为完成位；

73 步：H1 为从站站号，H6 为功能码，H2000 为从站地址，K1 为读写字个数，K1 为停止，M1 为完成位；

145 步：H1 为从站站号，H6 为功能码，H2000 为从站地址，K1 为读写字个数，K34 为反转，M2 为完成位；

162 步：H1 为从站站号，H6 为功能码，H2001 为从站地址，K1 为读写字个数，K3000 为加，M3 为完成位；

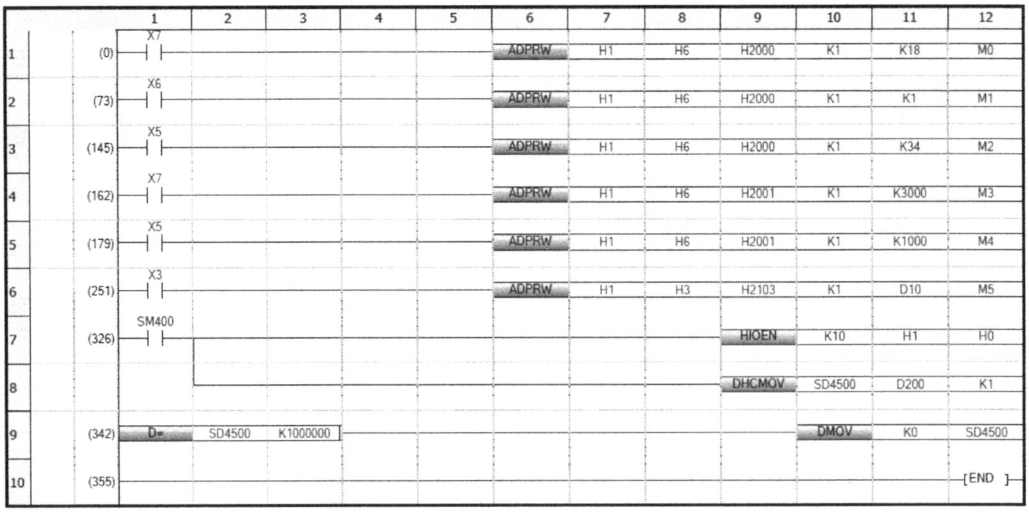

图 8.37　程序设计

179 步：H1 为从站站号，H6 为功能码，H2001 为从站地址，K1 为读写字个数，K1000 为减，M4 为完成位；

251 步：H1 为从站站号，H3 为功能码，H2103 为从站地址，K1 为读写字个数，D10 为读频，M5 为完成位；

326 步：高速输入 X0 计数启用指令，频率高的时候左边项目树"输入响应时间"一定要设置，或设置成"无设置"。

（4）台达 M 系列变频器参数设置

P00 为频率来源，设定为"03"，P01 为运转信号来源，设定为"03"，P88 为变频器站号，P89 为波特率，P90 为传输错误时停机方式，P91 为传输超时检出，P92 为通信数据格式，设为"03"，P157 为通信模式，选择"01"。

8.10.12　FX5U PLC 与三菱变频器通信案例

（1）程序设计（见图 8.38）

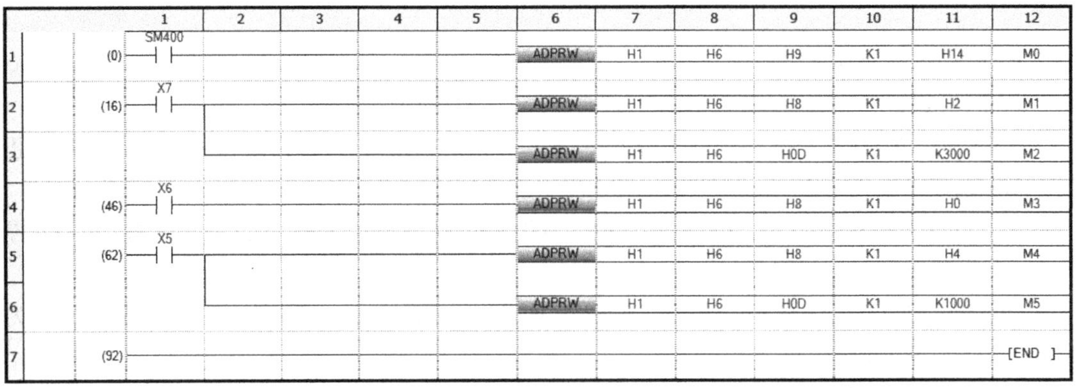

图 8.38　程序设计

（2）步骤解释

0 步：H1 为从站站号，H6 为功能码，H9 为从站地址，K1 为读写字个数，H14 为写入值，M0 为完成位；

16 步：H1 为从站站号，H6 为功能码，H8 为从站地址，K1 为读写字个数，H2 为写入值，M1 为完成位；

16 步：H1 为从站站号，H6 为功能码，HD 为从站地址，K1 为读写字个数，K3000 为写入值，M2 为完成位；

46 步：H1 为从站站号，H6 为功能码，H8 为从站地址，K1 为读写字个数，H0 为写入值，M3 为完成位；

62 步：H1 为从站站号，H6 为功能码，H8 为从站地址，K1 为读写字个数，H4 为写入值，M4 为完成位；

92 步：H1 为从站站号，H6 为功能码，HD 为从站地址，K1 为读写字个数，K1000 为写入值，M5 为完成位。

（3）运行模式

运行模式见表 8.21。

表 8.21　运行模式

模　　式	读　取　值	写　入　值
EXT	H0000	H0010
PU	H0001	—
EXT JOG	H0002	—
PU JOG	H0003	—
NET	H0004	H0014
PU+EXT	H0005	—

（4）三菱变频器 MODBUS 通信设定（见表 8.22）

表 8.22　MODBUS 通信设定

功能	参数	名　　称	设 定 范 围	最小 设定单位	初始值	用户 设定值
PU 接口通信	117	PU 通信站号	0～31（0～247）	1	0	
	118	PU 通信速率	48、96、192、384	1	192	
	119	PU 通信停止位长	0、1、10、11	1	1	
	120	PU 通信奇偶校验	0、1、2	1	2	
	121	PU 通信再试次数	0～10、9999	1	1	
	122	PU 通信校验时间间隔	0、0.1～999.8s、9999	0.1s	0	
	123	PU 通信等待时间设定	0～150ms、9999	1	9999	
	124	PU 通信有无 CR/LF 选择	0、1、2	1	1	

（续）

功能	参数	名　　称	设定范围	最小设定单位	初始值	用户设定值
RS-485 通信	338	通信运行指令权	0、1	1	0	
	339	通信速率指令权	0、1、2	1	0	
	340	通信启动模式选择	0、1、10	1	0	
	342	通信 EEPROM 写入选择	0、1	1	0	
	343	通信错误计数	—	1	0	
通信	549	协议选择	0、1	1	0	
	550	网络模式操作权选择	0、2、9999	1	9999	
	551	PU 模式操作权选择	2~4、9999	1	9999	

8.10.13　MODBUS 通信软元件分配的参数初始值

FX5U 的 MODBUS 通信对应软元件见表 8.23、表 8.24。

表 8.23　FX5U 的 MODBUS 通信对应位软元件

MODBUS 地址 <位软元件>		FX5 软元件			
		线圈（读取/写入用）		输入（读取专用）	
FX5UJ	FX5U/FX5UC	FX5UJ	FX5U/FX5UC	FX5UJ	FX5U/FX5UC
0000H~03FFH	0000H~03FFH	Y0~1023	Y0~1023	X0~1023	X0~1023
0400H~1FFFH	0400H~1FFFH	—	—	—	—
2000H~3DFFH	2000H~3DFFH	M0~7679	M0~7679	—	—
3E00H~4FFFH	3E00H~4FFFH	—	—	—	—
5000H~57FFH	5000H~57FFH	SM0~2047	SM0~2047	—	—
5800H~75FFH	5800H~75FFH	L0~7679	L0~7679	—	—
7600H~77FFH	7600H~77FFH	—	—	—	—
7800H~7FFFH	7800H~78FFH	B0~2047	B0~255	—	—
8000H~97FFH	7900H~97FFH	—	—	—	—
9800H~987FH	9800H~987FH	F0~127	F0~127	—	—
9880H~9FFFH	9880H~9FFFH	—	—	—	—
A000H~A7FFH	A000H~A0FFH	SB0~2047	SB0~255	—	—
A800H~AFFFH	A800H~AFFFH	—	—	—	—
B000H~BFFFH	B000H~BFFFH	S0~4095	S0~4095	—	—
C000H~CFFFH	C000H~CFFFH	—	—	—	—
D000H~D1FFH	D000H~D1FFH	TC0~511	TC0~511	—	—
D200H~D7FFH	D200H~D7FFH	—	—	—	—
D800H~D9FFH	D800H~D9FFH	TS0~511	TS0~511	—	—

（续）

MODBUS 地址 <位软元件>		FX5 软元件			
		线圈（读取/写入用）		输入（读取专用）	
FX5UJ	FX5U/FX5UC	FX5UJ	FX5U/FX5UC	FX5UJ	FX5U/FX5UC
DA00H～DFFFH	DA00H～DFFFH	—	—	—	—
E000H～E00FH	E000H～E00FH	STC0～15	STC0～15	—	—
E010H～E7FFH	E010H～E7FFH	—	—	—	—
E800H～EB0FH	E800H～E80FH	STS0～15	STS0～15	—	—
E810H～EFFFH	E810H～EFFFH	—	—	—	—
F000H～F0FFH	F000H～F0FFH	CC0～255	CC0～255	—	—
F100H～F7FFH	F100H～F7FFH	—	—	—	—
F800H～F8FFH	F800H～F8FFH	CS0～255	CS0～255	—	—
F900H～FFFFH	F900H～FFFFH	—	—	—	—

表 8.24　FX5U 的 MODBUS 通信对应字软元件

MODBUS 地址 <字软元件>		FX5 软元件			
		输入寄存器（读取专用）		保持寄存器（读取/写入用）	
FX5UJ	FX5U/FX5UC	FX5UJ	FX5U/FX5UC	FX5UJ	FX5U/FX5UC
0000H～1F3FH	0000H～1F3FH	—	—	D0～7999	D0～7999
1F40H～4FFFH	1F40H～4FFFH	—	—	—	—
5000H～770FH	5000H～770FH	—	—	SD0～9999	SD0～9999
7710H～77FFH	7710H～77FFH	—	—	—	—
7800H～7BFFH	7800H～79FFH	—	—	W0～1023	W0～511
7C00H～9FFFH	7A00H～9FFFH	—	—	—	—
A000H～A3FFH	A000H～A0FFH	—	—	SW0～1023	SW0～511
A400H～CFFFH	A100H～CFFFH	—	—	—	—
D000H～D1FFH	D000H～D1FFH	—	—	TN0～511	TN0～511
D200H～DFFFH	D200H～DFFFH	—	—	—	—
E000H～E00FH	E000H～E00FH	—	—	STN0～15	STN0～15
E010H～EFFFH	E010H～EFFFH	—	—	—	—
F000H～F0FFH	F000H～F0FFH	—	—	CN0～255	CN0～255
F100H～FFFFH	F100H～FFFFH	—	—	—	—

8.11　CC-Link 通信

CC-Link（Control & Communication Link，控制与通信链路系统）是三菱电机推出的开放式现场总线，其数据容量大，通信速度多级可选择，而且它是一个以设备层为主的网络，同时也可覆盖较高层次的控制层和较低层次的传感层。一般情况下，CC-Link 整个一层网络可由 1 个主站和 64 个从站组成。网络中的主站由 PLC 担当，从站可以是远程 I/O 模块、特殊功能模块、带有 CPU 和 PLC 的本地站、人机界面、变频器及各种测量仪表、阀门等现场仪表设备，且可实现从 CC-Link 到 AS-I 总线的连接。CC-Link 具有高速的数据传输速度，最高可达 10MB/s。CC-Link 的底层通信协议遵循 RS485，一般情况下，CC-Link 主要采用广播-轮询的方式进行通信，CC-Link 也支持主站与本地站、智能设备站之间的瞬时通信。

事实上，越来越多对 CC-Link 的应用已经证明，利用 CC-Link 开发的网络控制系统具有实时性、开放性、保护功能齐全、通信速度快、网络先进、布线方便等优点，有利于分散系统实现集中监控，提高系统自动化水平，减轻工人劳动强度，减少事故率，提高设备的使用寿命，节能降耗，提高效率，降低了成本。

1. CC-Link 模块介绍

FX5U 的 CC-Link 通信是需要通过 FX5-CCL-MS 来实现的，如图 8.39 所示。FX5-CCL-MS 型 CC-Link 系统主站/智能设备站模块是作为 CC-Link 系统的主站或智能模块站而动作的智能功能模块。

通过在主站中使用主站/智能设备站模块，能够以 FX5U CPU 模块构建 CC-Link 系统。由此，可与控制 FX5U CPU 模块一样，控制 CC-Link 系统上远程的机器。

另外，通过在智能设备站中使用主站/智能设备站模块，可将 FX5U CPU 模块用作 CC-Link 系统的智能设备站。

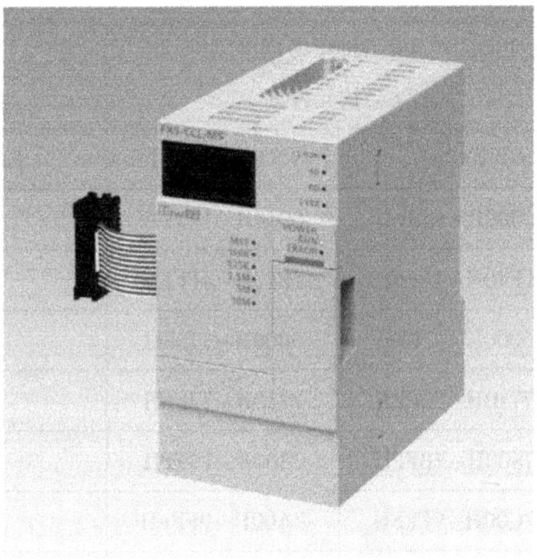

2. 最大连接个数

对以主站/智能设备站模块为主站的 CC-Link 系统中，主站：1 个系统 1 个。

智能设备站和远程设备站：合计最多 14 个，智能设备站+远程设备站的输入输出的合计点数分别在 448 点以下。

远程 I/O 站：最多 14 个，远程 I/O 站的输入输出合计点数为 448 点。

图 8.39　FX5-CCL-MS 型 CC-Link
系统主站/智能设备站模块

3. 电缆最大长度

以 CC-Link Ver.1.10 以上对应产品以及 Ver.1.10 对应 CC-Link 专用电缆构成总体系统的情况下，传送速度与站间电缆长及最大电缆总延长的关系如下：

1）传送速度为 156kbit/s 时，最大电缆总延长是 1200m，站与站之间的距离为 20cm 以上。

2）传送速度为 625kbit/s 时，最大电缆总延长是 900m，站与站之间的距离为 20cm 以上。

3）传送速度为 2.5Mbit/s 时，最大电缆总延长是 400m，站与站之间的距离为 20cm 以上。

4）传送速度为 5Mbit/s 时，最大电缆总延长是 160m，站与站之间的距离为 20cm 以上。

5）传送速度为 10Mbit/s 时，最大电缆总延长是 100m，站与站之间的距离为 20cm 以上。

4. 硬件介绍

FX5-CCL-MS 模块外形结构如图 8.40 所示。

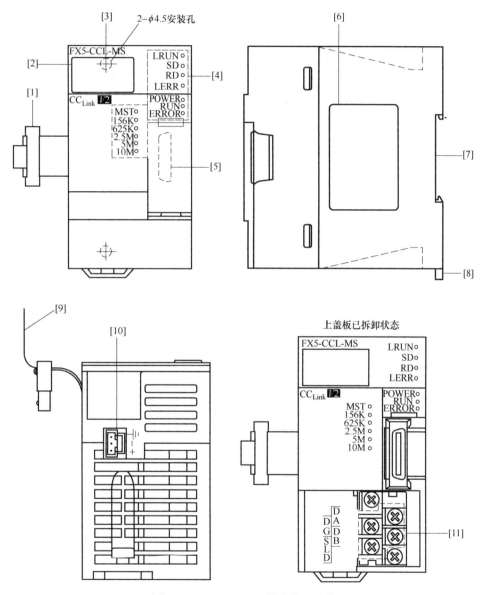

图 8.40　FX5-CCL-MS 模块外形结构

图中，[1] 为扩展时连接用的电缆，直接插在主机的扩展端口上。

[2] 为 LED 显示模块，设置站号和测试模式的内容。

[3] 为直接安装孔，用于直接安装螺钉孔。

[4] 为动作状态 LED，用于显示模块的动作状态。SD 灯亮，代表数据发送中。RD 灯亮，代表数据接收中。POWER 灯亮，代表电源接通正常。RUN 灯亮，代表模块正常运行。ERROR 灯亮，代表发生了异常情况，代表检测出全部站异常、主站在同一线路上重复、设

置内容有异常、电缆断线，或传送路径受到噪声等影响；ERROR 灯闪烁，代表检测出数据连接异常站或远程站的站号重复；ERROR 灯灭，代表标识模块正常动作中。MST 灯亮，代表主站动作；MST 灯灭，表示智能设备站动作。156K，625K，2.5M，5M，10M 这些灯哪个亮，就代表的是当前的波特率。

[5] 为连接扩展模块的扩展电缆的连接器。

[6] 为铭牌，记载产品型号、生产编号等。

[7] 为导轨安装槽，可以安装在（宽度：35mm）的导轨上。

[8] 为导轨安装用卡扣，用于安装在（宽度：35mm）的导轨上的卡扣。

[9] 为拔出标签拉拔扩展电缆时使用。

[10] 为电源连接器，用于连接电源电缆的连接器。

[11] 对应 CC-Link 专用电缆的端子排，端子排的接线请在电源 OFF 后实施。

5. FX5-CC-MS 模块的电源配线（见图 8.41）

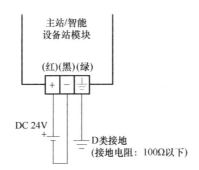

图 8.41　FX5-CC-MS 模块的电源配线

6. FX5-CC-MS 模块的通信配线

FX5-CC-MS 模块进行通信时的配线如图 8.42 所示。

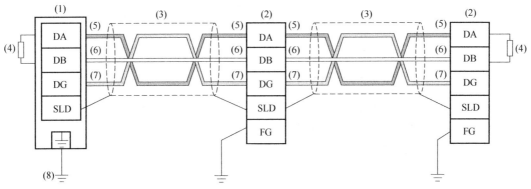

(1) 主站/智能设备站模块
(2) 其他站
(3) Ver. 1.10对应CC-Link专用电缆
(4) 终端电阻
(5) 蓝色
(6) 白色
(7) 黄色
(8) D种接地(接地电阻：100Ω以下)

图 8.42　FX5-CC-MS 模块的通信配线

DA—发送数据　DB—接收数据　DG—数据接地　SLD—屏蔽

7. 在软件中添加模块

在 GX Works3 软件中添加模块的步骤如下：

1）用鼠标单击"导航"→"参数"，在"模块信息"处单击鼠标右键，选择"添加新模块"，如图 8.43 所示。

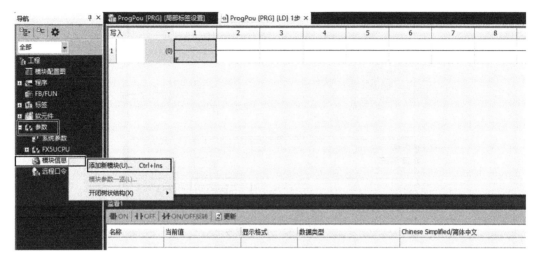

图 8.43　添加新模块

2）在上述操作后弹出的对话框中，单击模块类型最后面的三角符号，在下拉菜单里面选择"网络模块"，如图 8.44 所示。

图 8.44　选择"网络模块"

3）单击"模块选择"下的"型号"，单击后面的三角符号，在下拉菜单里选择"FX5-CCL-MS"后，然后单击"确定"按钮，如图 8.45 所示。

4）在弹出的对话框中，单击"确定"按钮（见图 8.46），此时模块就已经添加好了。

图 8.45　选择型号

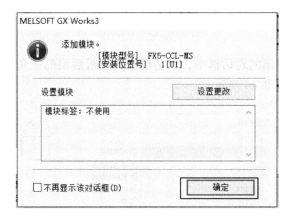

图 8.46　添加模块完成对话框

8. 模块参数设置

模块参数设置是在软件窗口左边的导航栏下面。完成模块添加后，模块信息里面会出现一个黄色的感叹号，但是没有设置参数。

双击左边导航栏下面的黄色感叹号，打开参数设置页面，参数设置有必须设置、基本设置、应用设置 3 种，如图 8.47 所示。

（1）必须设置

必须设置主要是设置主站/智能设备站模块的站类型或模式等，如图 8.48 所示。其中，站类型为设置主站/智能设备站模块的站类型，默认为"主站"。模式为设置主站/智能设备站模块的模式，默认为"远程网络 Ver.1 模式"。站号为设置主站/智能设备站模块的站号，默认为"0"。传送速度为设置主站/智能设备站模块的传送速度，默认为"156kbps"，从站可以设置自动跟随。参数设置方法采用默认设置。

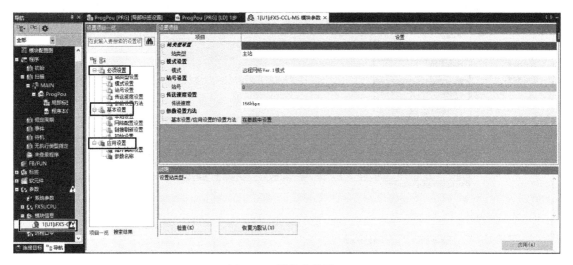

图 8.47　模块参数设置

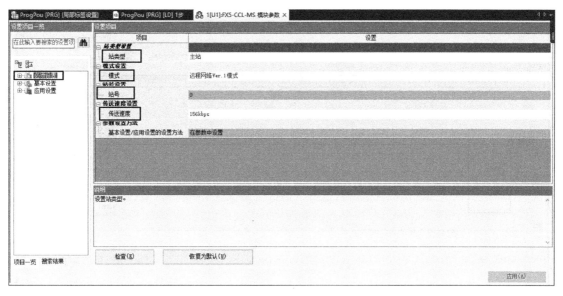

图 8.48　必须设置

（2）基本设置

基本设置主要是进行主站/智能设备站模块的网络配置、链接刷新设置等，如图 8.49 所示。在这里主要设置的是网络配置设置和链接刷新设置，其他都默认就可以了。

1）网络配置设置：主要设置的是主站链接到从站的信息，双击 CC-Link 配置设置后面的详细设置，打开如图 8.50 所示的画面。在窗口右侧的主站/智能设备站里选中 "FX5-CCL-MS" 按住鼠标左键不放，拖动至左侧网络配置图中，即可完成模块添加。

2）链接刷新设置：设置主站/智能设备站模块的连接软元件和 CPU 模块的软元件间的链接刷新范围。这里的设置软元件有很多，可根据需求进行设置。

如图 8.51 所示，这里的链接侧指的就是模块，CPU 侧指的就是 PLC 主机，设置的就是 PLC 和模块之间的软元件映射关系。

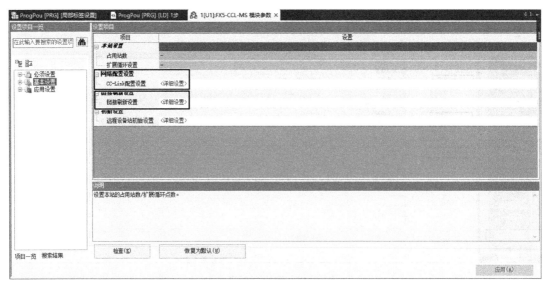

图 8.49　基本设置

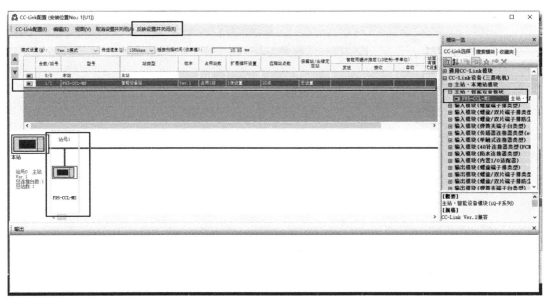

图 8.50　网络配置设置

其中，SB 表示连接特殊辅助继电器，设置范围是 00000H～001FFH，要以 16 的倍数设置，数据连接状态通过位的 ON/OFF 信息存储。SW 表示连接特殊辅助寄存器，设置范围是 00000H～001FFH，数据连接状态通过字信息存储。SB 和 SW 设置关系如图 8.52 所示。

设置 RX、RY、RWr、RWw 的链接刷新范围。链接刷新范围最多可设置 256 个。

RX 表示远程输入，在主站的情况下，存储来自从站的数据；在智能设备站的情况下，存储至主站的输出数据。

RY 表示远程输出，在主站的情况下，存储至从站的输出数据；在智能设备站的情况下，存储来自主站的输入数据。

RWr 表示远程寄存器，在主站的情况下，存储来自从站的输入数据；在智能设备站的情况下，存储至主站的输出数据。

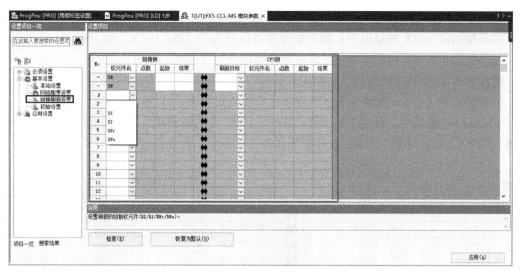

图 8.51　链接刷新设置

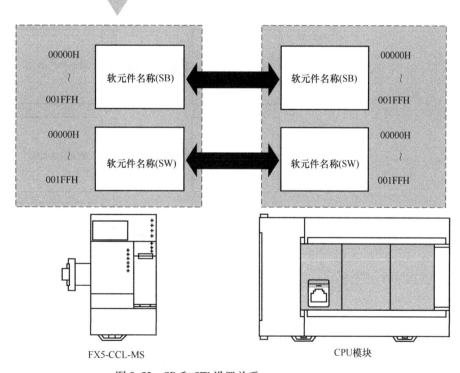

图 8.52　SB 和 SW 设置关系

RWw 表示远程寄存器，在主站的情况下，存储至从站的输出数据；在智能设备站的情况下，存储来自主站的输入数据。

RX 和 RY 的设置范围是 00000H~00370H（包含了 0~16 的倍数指定）；RWr 和 RWw 设

217

置范围是 00000H~0006CH（包含了 0~4 的倍数指定）。

链接侧固定为 RX 的情况下：指定软元件可以设为 X、M、L、B、D、W、R。

链接侧固定为 RY 的情况下：指定软元件可以设为 Y、M、L、B、D、W、R。

链接侧固定为 RWr 的情况下：指定软元件可以设为 M、L、B、D、W、R。

链接侧固定为 RWw 的情况下：指定软元件可以设为 M、L、B、D、W、R。

在 CC-Link 通信中，使用 RX、RY、RWr、RWw 在主站和从站之间进行通信，主站和从站模块的 RX、RY、RWr、RWw 被存储到缓冲存储器中，具体设置如图 8.53 所示。

No.	链接侧					CPU侧				
	软元件名	点数	起始	结束		刷新目标	软元件名	点数	起始	结束
1	RX	266	00000	000FF	⬌	指定软元件	X	266	100	477
2	RY	266	00000	000FF	⬌	指定软元件	Y	266	100	477
3	RWr	96	00000	0005F	⬌	指定软元件	W	96	00000	0005F
4	RWw	96	00000	0005F	⬌	指定软元件	W	96	00100	0015F

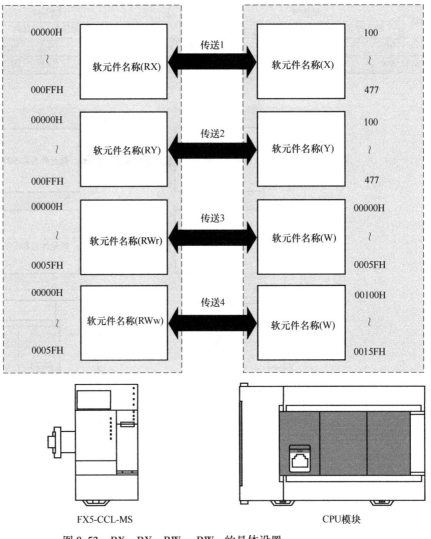

图 8.53　RX、RY、RWr、RWw 的具体设置

以上对 CC-Link 通信的主要参数进行了设置，再配合相对应的程序，就可以实现通信功能了。接下来用几个案例分别讲解 CC-Link 的通信功能。

8.12 主站和智能设备站的通信案例

1. 系统要求及配置

系统要求：实现两台 PLC 之间的主从站 CC-Link 通信。其中，主站和从站均使用 FX5-CCL-MS 模块。

系统配置：站号在模块参数里面设置，系统配置如图 8.54 所示。

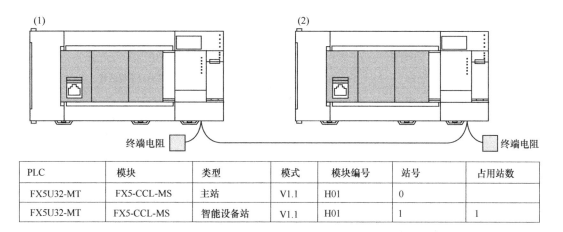

PLC	模块	类型	模式	模块编号	站号	占用站数
FX5U32-MT	FX5-CCL-MS	主站	V1.1	H01	0	
FX5U32-MT	FX5-CCL-MS	智能设备站	V1.1	H01	1	1

图 8.54　系统配置

两台 PLC 和模块的接线，这里就不再重复了，与前文所述接线方式一样。

2. 连接软元件的分配

连接软元件的分配指的是 RX、RY、RWr、RWw 的分配指定，这个是两台设备通信的关键，初学者要配合前面介绍的 RX、RY、RWr、RWw 的功能去学习。

1）RX、RY 的分配如图 8.55 所示。在分配时应注意，将 FX5-CCL-MS 模块作为智能设备站使用时，不能使用 RX、RY 的最后两位。

2）RWr、RWw 的分配如图 8.56 所示。

3. 主站设置

将 FX5-CCL-MS 模块连接到 PLC 主机上后，进行如下步骤设置：

1）用鼠标单击"工程"→"新建"设置 CPU 模块，如图 8.57 所示。单击"确定"按钮，添加 CPU 模块的模块标签。在弹出的对话框中，不用进行其他操作，直接单击"确定"按钮，进入到编程软件界面。

2）添加主站/智能设备站模块。在窗口中，选中"导航"→"参数"，选中"模块信息"，单击鼠标右键选择"添加新模块"，在弹出的对话框中的模块类型选择"网络模块"，型号选择"FX5-CCL-MS"，如图 8.58 所示，然后单击"确定"按钮，在弹出的对话框中，再次单击"确定"按钮，模块就添加完成了。当然从导航栏里的模块配置图中也可以添加，具体过程不再赘述。

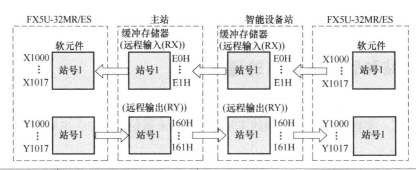

FX5U32-MT	主站		从站	
软元件	缓冲存储器地址		模块名称	RX,RY
	十六进制H	十进制K		
X1000～X1017	E0	224		RX0～RXF
X1020～X1037	E1	225	FX5-CCL-MS	RX10～RX1F(系统区域，禁止使用)
Y1000～Y1017	160	352		RY0～RYF
Y1020～Y1037	161	353		RY10～RY1F(系统区域，禁止使用)

图 8.55　RX、RY 的分配

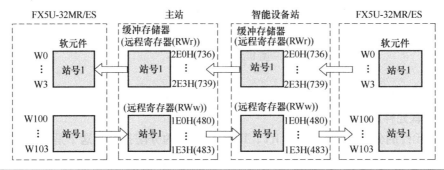

FX5U32-MT	主站		从站	
软元件	缓冲存储器地址		模块名称	RWr,RWw
	十六进制H	十进制K		
W0	2E0	736		RWr0
W1	2E1	737		RWr1
W2	2E2	738		RWr2
W3	2E3	739	FX5-CCL-MS	RWr3
W100	1E0	480		RWw0
W101	1E1	481		RWw1
W102	1E2	482		RWw2
W103	1E3	483		RWw3

图 8.56　RWr、RWw 的分配

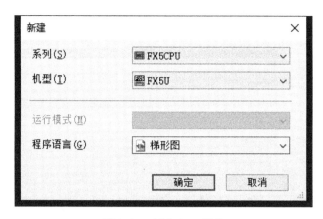

图 8.57　新建 CPU 模块

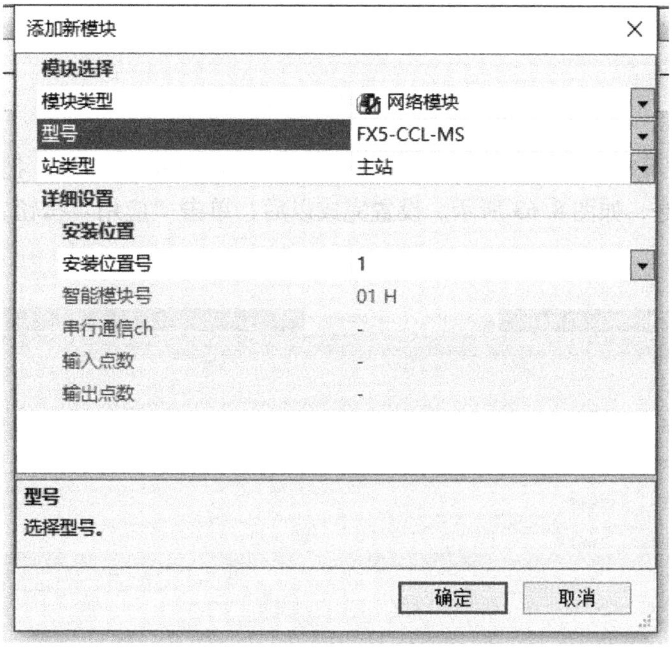

图 8.58　添加新模块

3）参数设置。模块添加完成后，左侧模块信息处会出现黄色的感叹号 ![模块信息 1[U1]:FX5-CCL-MS]，这说明参数没有设置。接下来，用鼠标双击 "FX5-CCL-MS"，弹出对话框如图 8.59 所示。

必须设置中，站类型选择为 "主站"，站号为 "0"，模式为 "远程网络 Ver.1 模式"，传输速度设置为 "156kbps"。

基本设置中，要对网络配置设置（主站设置，从站不需要）和链接刷新设置进行设置。用鼠标双击图 8.60 中 "CC-Link 配置设置" 后面的 "详细设置"，将弹出如图 8.61 所示对话框。在右侧的模块一栏的通用 CC-Link 模块中找到 "通用智能设备站"，然后按住鼠标左键不放，将其拖动到左侧的模块配置图中，然后单击工具栏中的 "反映设置并关闭" 按钮，关闭并保存此设置。设置完成后，双击图 8.60 中 "链接刷新配置" 后面的 "详细设置"，

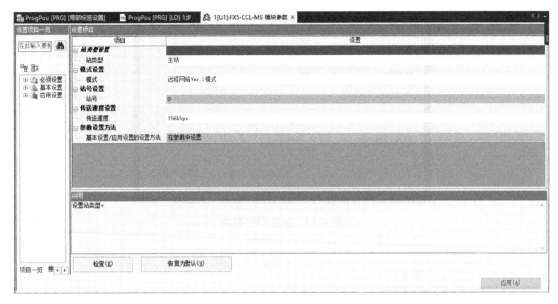

图 8.59　参数设置对话框

弹出如图 8.62 所示对话框，然后依次按照连接软元件分配的表格，把 RX、RY、RWr、RWw 每一个设定好，如图 8.63 所示。设置完成以后，单击"应用"按钮，代表主站的软元件分配完成。

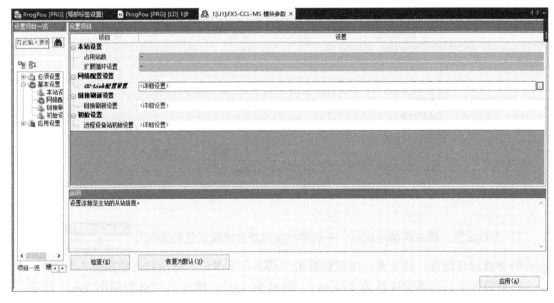

图 8.60　"基本设置"对话框

4. 智能设备站设置

设置从站（智能设备站）需要另外再打开一个 GX Works3 软件（主站的软件界面不要关掉），新建一个项目，这里的操作步骤和方法与主站的是一模一样的，这就不再重复介绍了。主要是站类型和连接软元件分配有以下几点不同，设置时要引起注意。

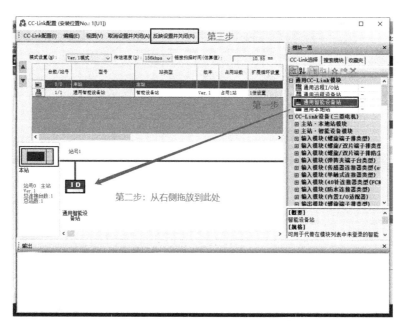

图 8.61 CC-Link 配置设置详细设置对话框

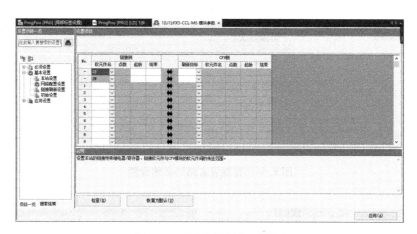

图 8.62 "详细设置"对话框

1）添加"FX5-CCL-MS"模块为智能设备站，模块类型选择"网络模块"，型号选择"FX5-CCL-MS"，站类型选择"智能设备站"。

2）必须设置中，站类型和模式不用改动，站号为1，代表是从站。这里的传输速度，默认为自动跟踪，意思是主站是多少，从站就自动跟随即可，如图 8.64 所示。当然，如果想设为和主站一样也是可以的，但是千万不要设错了，否则将无法通信。

3）基本设置中，只有链接刷新需要设置，其他都默认，双击"链接刷新设置"后面的"详细设置"，给从站分配相应的软元件，如图 8.65 所示。这里设置的是和主站一样的，为了方便大家学习，把主站和从站的软元件设置了一样的，也可以设置不一样的。设置完成后单击"应用"按钮，代表从站的软元件设置完成，此时，两个 GX Works3 软件界面都不要关掉，如果关掉了，那刚才设置的就取消了，这一点千万要注意。

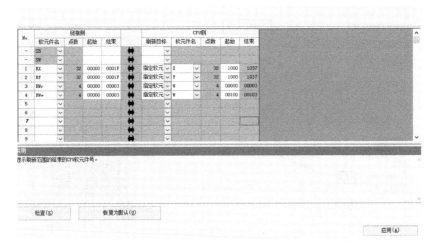

图 8.63　设定 RX、RY、RWr、RWw

图 8.64　智能设备站的必须设置

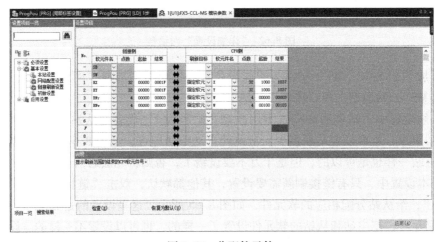

图 8.65　分配软元件

5. 控制程序

根据主站和智能设备站的软元件的设置和对应关系分别写出主站和智能设备站的程序，要求是，主站和智能设备站能够相互控制和传输数据。

（1）主站程序

根据案例要求，编写的主站程序如图 8.66 所示。

其中，程序步号为 0 的功能是，主站 X10 接通，主站的 Y1000（RY0）就会接通，那么从站的 Y1000 就会收到数据，因为主站动作时，RY 是存储至从站的数据，所以要发送数据给从站，就必须要接通相对应的 Y1000。主站 X10 接通的同时，把数据 K10 分别传送到 W100、W101、W102（RWw100、RWw101、RWw102）中。那么从站的 W100、W101、W102 也会收到数据，因为主站动作时，RWw 是存储至从站的输出数据，所以要发送数据给从站，就必须要传送到相对应的 W100、W101、W102 中。

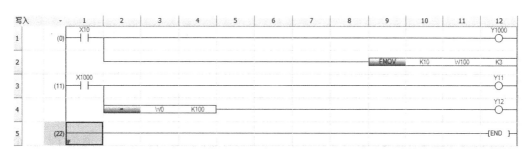

图 8.66　主站程序

程序步号为 11 的功能是接收来自从站的输出数据，从站的 X1000（RX0）接通，主站的 X1000 也会接通，因为当主站动作时，RX 是存储来自从站的数据。所以从站的 X1000（RX0）接通，主站也会同时接通。与此同时，主站的 W0（RWr0）接收到从站发送过来的 K10，与主站比较相等后，接通主站的 Y12。因为主站动作时，RWr 是存储来自从站的输出数据，所以直接读取 W0，就会收到从站发过来的数据。

（2）智能设备站程序（从站）

根据案例要求，编写的智能设备站程序如图 8.67 所示。

图 8.67　智能设备站程序

其中，程序步号为 0 的功能是，从站 X10 接通，X1000（RX0）同时接通，因为智能设备站动作时，RX 是存储至主站的数据，所以，从站的 X1000 接通，主站的 X1000 也会接通。与此同时，把主站 W100、W101、W102（RWw100、RWw101、RWw102）中的数据读取出来，存放到从站的 D0、D1、D2 中，因为智能设备站动作时，RWw 是存储来自主站的输入数据，所以要接收主站的数据，就需要读取 W100、W101、W102（RWw100、RWw101、RWw102）里面的数据。与此同时，把从站的 K10 存放到 W0（RWr）中，因为智能设备站动作时，RWr 是存储至主站的输出数据，所以要发送给主站的数据，就必须要存在 W0（RWr）中。

从上面的案例可以看出，只要能够熟练掌握链接侧和 CPU 侧的软元件分配关系，就能很容易掌握 CC-Link 的通信。设置参数和程序并不难，难的是理解。

8.13 FX5U PLC 和三菱变频器的 CC-Link 通信案例

本节将对日常生产、生活中常用的 FX5U PLC 和三菱变频器的 CC-Link 的通信进行详细说明。

系统要求由一台 FX5U PLC、三菱变频器和外部按钮控制电动机实现正反转，以及加减频率。

需要注意的是，三菱的变频器不是每一款都能够进行 CC-Link 通信的，只有能够扩展和带有 CC-Link 插件的才可以。此处选用的是三菱 FR-E720 变频器，这个型号可以扩展一个 CC-Link 插件，型号为 FR-A7NC 的选件。

FX5U PLC 这边只需要配置一个 FX5-CCL-MS 模块就可以进行 CC-Link 通信了，这个模块前面已经学习过了，就不重复介绍了。下面主要介绍三菱变频器做 CC-Link 通信需要使用到的相关内容和参数。

1. 变频器参数设置

变频器有很多的参数，要根据不同的控制需求选择设置。由于要进行 CC-Link 通信，所以就只看 CC-Link 相关的参数和变频器运行的基本参数就可以了。具体参数如下：

1）P79：运行模式选择，设为 6，为外部、网络和 PU 模式，在变频器运行中可以切换。

2）P338：通信运行指令权，设为 0，为启动指令权通信。

3）P339：通信速率指令权，设为 0，为速率指令权通信。

4）P340：通信启动模式选择，设为 1，为网络运行模式。

5）P342：通信 EEPROM 写入选择，设为 1，为通过通信写入参数时，写入到 RAM。

6）P542：通信站号（CC-Link），设为 1，变频器为从站，所以站号为 1。

7）P543：速率选择，设为 0，为 156kbit/s，那么 PLC 里面也要设置为 156kbit/s。

8）P544：CC-Link 扩展，设为 0，为占用一站。

9）P550：网络模式操作权选择，设为 9999，为通信选件自动识别，通常情况下是 PU 接口指令权。通信选件被安装后，变为通信选件指令权。

2. 连接软元件分配

变频器的参数设置好了，下面就需要给变频器分配相关的软元件。变频器的连接软元件是固定的，只要找到相关的说明就可以了，变频器中的 CC-Link 的软元件分配如图 8.68 所示。数据寄存器的分配如图 8.69 所示。

3. 添加模块

具体添加模块的步骤与前述案例一样，此处不再赘述，读者可参考前文相关内容。

设备编号	信号
RYn0	正转指令
RYn1	反转指令
RYn2	高速运行指令(端子RH功能)
RYn3	中速运行指令(端子RM功能)
RYn4	低速运行指令(端子RL功能)
RYn5	点动运行指令(端子JOG功能)
RYn6	第2功能选择(端子RT功能)
RYn7	电流输入选择(端子AU功能)
RYn8	瞬间停止再起动选择(端子CS功能)
RYn9	输出停止
RYnA	起动自动保持选择(端子STOP功能)
RYnB	复位(端子RES功能)
RYnC	监视器指令
RYnD	频率设定指令(RAM)
RYnE	频率设定指令(RAM、EEPROM)
RYnF	命令代码执行请求

设备编号	信号
RXn0	正转中
RXn1	反转中
RXn2	运行中(端子RUN功能)
RXn3	频率到达(端子SU功能)
RXn4	过负荷报警(端子OL功能)
RXn5	瞬时停电(端子IPF功能)
RXn6	频率检测(端子FU功能)
RXn7	异常(端子ABC1功能)
RXn8	—端子ABC2功能)
RXn9	Pr, 313分配功能(D00)
RXnA	Pr, 314分配功能(D01)
RXnB	Pr, 315分配功能(D02)
RXnC	监视
RXnD	频率设定完成(RAM)
RXnE	频率设定完成(RAM、EEPROM)
RXnF	命令代码执行完成

图 8.68　变频器中的 CC-Link 的软元件分配

地址	说明	
	高8位	低8位
RWwn	监视器代码2	监视器代码1
RWwn+1	设定频率(以0.01Hz 为单位)/转矩指令	
RWwn+2	H00 (任意)	命令代码
RWwn+3	写入数据	

地址	说明
RWrn	第一监视器值
RWrn+1	第二监视器值
RWrn+2	应答代码
RWrn+3	读取数据

图 8.69　数据寄存器的分配

4. 参数设置

参数设置的方法和步骤与前文相似，此处不再赘述。本案例中，主站和智能设备站的相关设置采用默认设置即可。注意，本案例中，连接软元件分配里面主要用的只有两个，一个是 RY，一个是 RWw，RY 是控制变频器的起动正转和起动反转的；RWw 是设定变频器的频率的。

5. 程序案例

根据系统控制要求，设计的程序如图 8.70 所示。

图 8.70　系统控制程序

　　其中，程序步号为 0 的功能是，当 X0 每接通一次，W101 里面的值就加 500。这里的 500，代表的是 5Hz。因为变频器的频率单位是 0.01Hz。所以扩大了 100 倍。W101 对应的是变频器的 WRw1，WRw1 的功能是设定频率，但是，根据之前设定可以看出，还有一个条件，就是将频率设至该寄存器后，启动 RYD 或 RYE 写入频率，所以就需要接通 Y1015。十六进制的 RYD 是等于八进制的 Y1015。程序步号为 18 功能为写入频率命令。程序步号为 24 的功能是，当 X2 接通，Y1000（RY0）正转命令起动。程序步号为 28 的功能是，当 X3 接通，Y1001（RY1）反转命令起动。